KB252763

꽃이 있는 식탁

꽃이 있는 식탁

©고은경

초판 1쇄 발행 2012년 3월 12일

지은이 고은경 사진 조영하 펴낸이 김철식 펴낸곳 모요사
출판등록 2009년 3월 11일(제410-2008-000077호)
주소 411-762 경기도 고양시 일산서구 가좌3로 45 203동 1801호
전화 031-915-6777 팩스 031-915-6775 이메일 mojosa7@gmail.com

ISBN 978-89-97066-06-3 13590

* 각 컬러의 별면 꽃 사진과 일상의 스냅 사진은 고은경 작가가 직접 찍은 것입니다.

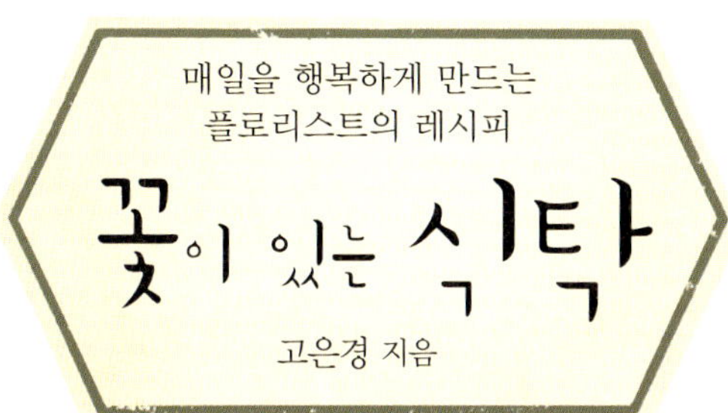

민요사

꽃과 요리로 행복이 완성되는 테이블

집에서 친구와 저녁을 먹기로 했다. 김밥을 만들고 꽃잎을 식탁에 뿌리고 촛불을 몇 개 켰다. 소박한 메뉴였지만 분위기는 여느 레스토랑 부럽지 않았다. 그날은 이야기도 많이 나누었고 꽃 덕분에 평범한 날이 특별한 날이 되었다. 우리 집의 좋은 날에는 항상 꽃이 있다. 식탁에 음식이 놓이는 것은 당연한 일이지만 꽃은 꼭 없어도 되는 것이다. 생화라 가격도 만만치 않고 오래 두고 볼 수도 없지만, 그래서 오히려 나는 더 좋다.

나의 테이블을 멋지게 차리기 위해, 누군가와 보내는 시간을 행복하게 세팅하기 위해 나는 오랜 시간 꽃과 요리를 배우느라 고군분투했다. 그런 노력이 결실을 맺어 이제는 다양한 국적의 요리를 파티 컨셉트에 맞추어 아름답게 차려낼 수 있게 되었다. 하지만 이 일을 직업으로 삼고 싶지는 않다. 정말 좋아하는 취미는 일이 아닌 취미로 남겨두고 싶기 때문이다.

방송작가로 15여 년간 치열하게 일하면서도 가장 좋았던 시간은 같이 일하는 스태프들끼리 쫑파티, 생일파티, 야외 바비큐파티, 송년파티를 했던 시간들이다. 나는 그때마다 파티 세팅을 자청했고, 파티에서 어떻게 놀 것인지 프로그램을 구성하곤 했다. 내가 했던 프로그램들은 시청율, 청취율도 좋은 편이었는데, 서로 즐겁게 일했기 때문에 좋은 결과가 있었다고 생각한다. 일이 일처럼 느껴

지지 않고 즐겁게 했던 그 일도 언젠가부터 일이 일로 느껴졌다. 매너리즘에 빠진 것인지 도무지 즐겁지가 않았다. 그때 돌파구가 된 것이 꽃과 요리였다. 내가 좋아하던 꽃과 요리를 제대로 배워보고 싶었다. 어떤 목적이 있어서가 아니라 그냥 내가 좋아하던 일을 더 잘해보고 싶다는 생각만으로 방송 일을 쉬고 꽃과 요리를 배우는 데 집중했다.

한동안 언론 매체에서는 '제2의 인생을 시작하는 사람들'이라는 기획 기사가 많이 났었다. 오랫동안 해오던 직업을 바꾸어 새로운 직업으로 방향 전환을 한 사람들이 주목 받기 시작하던 시절, 그때 꽃과 요리로 방향을 바꾼 나에게도 인터뷰 요청이 몇 번 왔었다. 그때마다 무안해하며 인터뷰를 거절했던 기억이 난다. 나는 제2의 인생을 열고 싶어서가 아니라 내가 더 행복해지기 위해 꽃과 요리를 배웠다. 행복력을 키우기 위해 좋아하는 분야를 더 공부해서 커리어가 늘어났을 뿐이다. 이제는 예쁜 꽃과 요리가 가득한 요리 전문 드라마작가가 되는 것이 나의 꿈이다.

꽃과 요리를 함께 하게 되니 매일을 행복하게 만드는 나만의 레시피가 많이 생겼다. 나의 특별한 날, 평범한 날을 꽃과 요리로 즐겁게 채워갔다. 난 우리 집이 좋다. 우리 집 테이블에서 가족, 친구, 이웃과 보내는 소소한 홈파티의 일상이 무엇보다 소중하다. 책을 내기로 결정하고 나서 그동안 찍었던 사진들을 다시 보았다. 혼자서 또는 둘이서 또는 여럿이 즐거웠던 우리 집 파티의 기억들을 하나하나 떠올려보았다. 나의 두근두근 테이블 위에 꽃을 꽂고, 음식을 만들어 세팅하고 파티 때 느꼈던 잔잔한 행복들을 적었다.

꽃, 요리, 테이블클로스, 그릇 등 여러 가지가 함께 어우러지는 세팅은 자칫하면 산만하고 촌스러워질 수 있어서, 메인 컬러를 정해 세팅하는 방법을 보여주고자 했다. 메인 컬러에 맞추어 주된 요리나 꽃을 정하면 전문가가 아니라도 쉽게 세련된 테이블을 완성할 수 있기 때문이다. yellow, green, pink, red, purple, 그리고 black & white 여섯 개의 컬러로 나누어 책을 구성했다. 'yellow' 편이라고 테이블 위에 올리는 모든 것이 노란색일 필요는 없고 눈에 들어오는 메인 컬러를 노란색으로, 그 외에 몇 가지 서브 컬러가 조금씩 보이는 식으로 세팅했다.

내가 좋아하는 말 "A good home is happiness". 좋은 집은 행복이다. 그리고 그 행복이 완성되는 곳은 테이블이라고 생각한다. 함께 얼굴을 보고, 맛있는 음식을 먹고, 꽃과 차와 함께 추억을 음미하고 다음 행복을 계획하는 공간…

이 책이 누군가에게 그 테이블을 꾸밀 수 있는 마음의 여유를 선물할 수 있게 되면 좋겠다. 누구나 잘하는 요리 한둘은 있듯이 잘하는 꽃꽂이 하나쯤은 있으면 좋겠다. 파티가 없는 평범한 날에도 장바구니에 꽃 한 단 담을 수 있는 여유가 늘어나면 좋겠다.

햇빛에 반짝이는 꽃을 보며 보석보다 아름답다고 생각할 수 있어서, 매일매일 선물 받는 오늘이 있어서, 누군가에게 기쁨을 줄 수 있는 꽃과 요리를 만들 수 있어서 행복하다. 내가 매일 기쁘게 살아갈 수 있도록 항상 따뜻하게 지켜주시는 하나님과 사랑하는 가족들에게 이 책을 바친다.

2012년 2월

고은경

차례

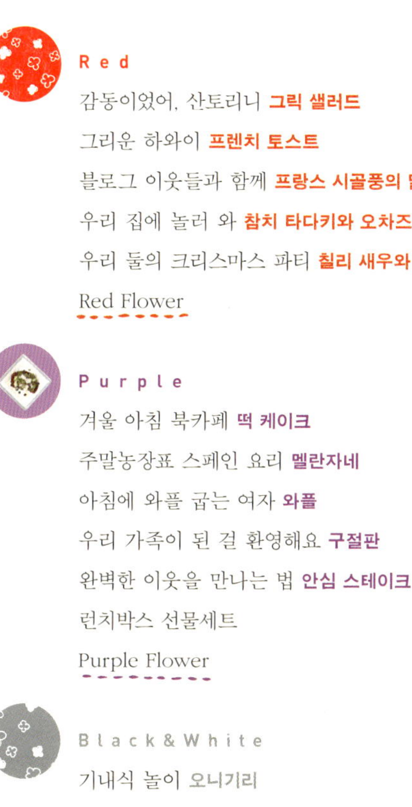

Yellow

크리스마스가 지나고 아직도 많이 추운 겨울
노란색 테이블에서 따뜻한 시간을 보내보세요.
찬바람 불기 시작하고 은행잎 가득한 늦가을도 좋아요.
따뜻하고 귀여운 시간이 될 거예요. 예쁜 노란색으로
꽃을 고르고, 오믈렛이나 바나나, 달걀, 단호박… 노란색 재료들도
장바구니에 넣어요. 파티가 시작되면, 식탁 위의 촛불도
거리의 불빛과 하늘의 별도 노란색으로 반짝일 거예요.
마음의 온도가 내려갈 때, 사랑받고 싶을 때
노란색 테이블을 차려보세요.
노란색은 눈에 잘 띈답니다.

B&B를 부탁해
바 나 나 팬 케 이 크

주말 아침, 햇살에 눈이 부시다. 조금만 더 자야지 하는데 솔솔 풍겨오는 커피 향기. 남편이 부엌에 있는 것 같은데? 접시 달그락거리는 소리와 함께 잔잔히 들려오는 바흐의 첼로 연주곡. 잠시 후 방문이 열리고, 트레이 가득 콘티넨털 브렉퍼스트를 들고 있는 내 남자.

이건 나의 로망이고 현실은, 내 이불까지 끌고 가서 세상모르게 자고 있는 저 남자… 로맨틱한 브렉퍼스트를 침실에서 받는 호사를 한 번쯤 누려보고 싶지만, 옆에 누운 남편을 보면 갈 길이 멀다. 그래, 로망은 로망으로 남겨두고, 받는 기쁨 대신 주는 행복을 선택하자!
오랜만에 실버 트레이를 꺼내고 망고 주스와 플레인 요거트를 준비했다. 흰 우유도 유리병에 따라두었다. 왠지 유리병에 든 우유는 더 맛있게 느껴져서 지난번 쇼핑할 때 큰맘 먹고 하나 장만했다. 메인으로는 달콤하고 폭신폭신한 바나나 팬케이크를 구웠다. 바나나를 구워 팬케이크에 올리고 메이플 시럽을 듬뿍 뿌리니 빨리 먹고 싶어 침이 꿀꺽 넘어간다. 겨울철에 더 예쁜 노란색 꽃들로 미니 꽃꽂이까지 놓으니 별 다섯 개짜리 호텔의 룸서비스가 부럽지 않다.
"똑똑. 룸서비스입니다!!" 남편은 잠시 실눈을 뜨고 음식들을 스캔하더니 "와, 빵 쪼가리다" 하며 웃었다. 말은 그렇게 해도 속으로는 감동받지 않았을까? '나도 아내를 위한 B&B를 꼭 한 번 준비해줘야겠어.' 뭐, 이런 생각을 혹시나 하지 않았을까?
명랑만화 같은 남편과 순정만화를 꿈꾸는 아내… 서로가 머릿속에 떠올리는 말풍선 속 생각은 달랐을지 모르지만, 분명한 건 그날 아침이 무척 달콤했다는 것이다.

바나나 팬케이크

밀가루(다목적) 40g, 달걀 1개, 설탕 1T,
플레인 요거트 2T, 소금 한 꼬집,
바나나 1/2개, 버터 10g, 설탕 10g,
메이플 시럽 적당량

1 밀가루에 설탕, 소금을 섞어 체에 내린다.
2 달걀을 깨뜨려 거품기로 계속 저어 단단한
  거품을 만든다.
3 거품 1/2에 요거트, 밀가루를 넣고 섞는다.
4 나머지 1/2 거품도 넣어 재빨리 섞어준다.
5 약불에 올린 팬을 기름종이로 닦아준 후
  반죽을 한 국자 동그랗게 올린다.
  작은 기포가 올라오면 뒤집어 익힌다.
  반복해서 몇 개의 팬케이크를 더 만든다.
6 버터와 설탕을 팬에 넣고 캐러멜처럼 색이
  변할 때까지 끓인 후 동그랗게 썬 바나나를
  넣어 앞뒤로 살짝 코팅한다.
7 팬케이크를 몇 개 쌓고 맨 위에 코팅한
  바나나를 올린 뒤 분당과 메이플 시럽을
  뿌린다.

♣ 노란색 병꽂이

노랑 미니장미(시트란), 연노랑 스토크, 라이스플라워, 유칼립투스

1__ 입구가 좁은 유리병에 물을 채운다.
2__ 꽃들을 화기 높이의 1.5배가 되게 자르고
    물에 잠길 부분의 잎들은 제거한다.
3__ 진노랑 미니 장미 10송이를 서로 대각선 모양으로
    교차해가며 꽂는다.
4__ 연노랑 스토크를 장미 사이사이에 5대 정도
    자연스럽게 꽂는다.
5__ 끝선이 예쁜 유칼립투스를 군데군데 꽃보다
    조금 길게 꽂아 포인트를 준다.

우리들의 겨울

단호박 수프

결혼 후 처음 맞은 그해 겨울은 눈이 정말 많이 왔다. 신혼집이었던 남산 근처 아파트는 단지 안에 산이 있어 운동하기에 좋았지만, 곳곳에 언덕이 많아 눈이라도 오는 날에는 한바탕 난리가 났다. 그때는 입주한 첫해라 제설 시스템이 제대로 갖춰지지 않았고, 설혹 갖춰졌다 해도 워낙 많은 눈이 내려서 어쨌든 속수무책이었을 것이다. 그 어느 날 겨우겨우 퇴근해서 돌아오던 차들은 언덕을 올라올 수 없어서 단지 내에는 차들이 거의 없었다. 밤새 눈이 더 내렸고 다음 날 아침 일어나니 아파트 안은 거대한 스키장으로 변해 있었다. 나무에는 눈꽃이 예쁘게 피었고, 곳곳의 언덕은 스키장 슬로프로 변신했다. 갑자기 밖으로 나가고 싶었다. 장갑을 끼고 남편을 졸랐다. 나가자. 나가자고. 이따 말고 지금!

아직 아무도 밟지 않은 눈길을 신나게 뛰어다녔다. 나무를 흔들어 떨어지는 눈도 흠뻑 맞았다. 뛰다가 넘어져도 아프지 않았다. 어릴 때처럼 볼이 빨개져서 웃고 있는데, 저쪽에서 스키를 타고 가는 사람이 보였다. 믿을 수가 없어 눈을 부비고 다시 보았는데, 역시 스키를 타고 있었다. 스키장 있는 아파트라니, 웃음이 절로 났다.

눈이 오면 왜 달콤한 게 먹고 싶은 걸까? 하얀 설탕이 하얀 눈 같아서? 그날 점심에는 단호박 수프를 만들어 먹었다. 진한 노란색의 단호박 속살에 볶은 양파와 생크림을 넣은 따끈한 단호박 수프를 수프볼에 담고, 노란색 온시디움 난을 몇 개 꽂았다. 꽃이 한두 송이 있으면 금세 따뜻해지는 분위기가 좋아서 겨울에도 가끔씩 꽃시장에 간다.

샤워를 하고 나온 남편이 빵과 수프를 후후 불어 먹고는 DVD를 빌리러 나갔다. 잘 다녀오라는 인사를 하려고 창문을 여니, 어느새 또 눈이 내리고 있었다. 지금도 눈이 오면 그날이 생각난다. 너무 좋았었어, 그때.

단호박 수프

단호박 1/2개, 양파 1/4개, 우유 1컵, 생크림 1T,
소금과 후추 약간

1__ 양파를 잘라 썰어 기름 두른 팬에 볶는다.
　　약불에 오래 볶을수록 맛이 좋다.
2__ 단호박을 잘라 씨만 발라내고 껍질째 비닐에
　　넣어 전자레인지에 8분 동안 돌린다.
3__ 단호박 껍질은 잘라내 따로 놓아두고, 익힌
　　단호박과 볶은 양파, 우유를 넣고 잠시 끓인다.
4__ 3을 믹서에 간 후 소금, 후추로 간한다.
5__ 생크림을 넣어 살짝 저어주고, 껍질을 조금
　　잘라 가니시로 쓴다.

✿ 난 꽂이

온시디움 5대

1__ 입구가 좁은 화기에 물을 넣는다.

2__ 온시디움 몇 대를 화기 높이의 3배 길이로 자른다.

3__ 물에 잠기는 부분의 꽃잎은 잘라낸다.

4__ 온시디움 가지 곡선의 모양을 살려 꽂는다.

조찬회동
오야코동

외국에 사는 친구가 잠시 한국에 나온다는 연락이 왔다. 친하게 지내던 또 한 친구도 함께 만나기로 했다. 그런데 서로 일정을 맞추다보니, 함께할 수 있는 시간이 너무 짧아서 아쉬웠다. 그래서 우리는 아주 일찍, 아침 8시에 만나기로 했다. "그럼 아침을 우리 집에서 먹고 출발하자. 마침 남편도 출장 중이야. 조찬회동 괜찮지?"

전화를 끊고 나서, 메뉴를 생각해보았다. 아침이니 부담스럽지 않고, 조리 과정이 단순하며, 외국생활을 오래 한 친구를 위해서는 양식보다 따뜻한 밥이 좋을 것 같았다. 기름에 볶지 않고 담백하게 끓여 밥 위에 얹기만 하면 되는 일식 덮밥으로 메인요리를 결정하고 장을 보러 갔다. 꽃과 식재료를 함께 사야 하는 날에는 꽃시장과 백화점이 나란히 붙어 있는 반포에 간다. 쇼핑을 시작하기 전에 먼저 내가 좋아하는 커피 전문점에 들어가 카페라테를 주문했다. 천천히 오늘 할 일을 적어보고, 쇼핑 리스트도 작성했다.

오랜만에 와본 꽃시장에는 눈에 들어오는 예쁜 꽃들이 무척 많았다. 이것저것 사고 싶은 유혹에 잠깐 흔들렸지만 미리 쇼핑 리스트에 써온 꽃, 스토크만 사서 재빨리 나왔다. 꽃시장에 갈 때는 항상 미리 계획한 꽃만 사려고 마음을 다잡는다. 와서 보니 예쁘다고 덜컥 사서 처음 계획했던 컨셉트를 즉흥적으로 바꾸면 실수하기가 쉽다. 백화점으로 가서 오야코동의 재료를 샀다. 가츠오부시 같은 외국 재료를 사야 할 때는 백화점에 간다. 닭이나 채소는 일반 마트보다 조금 비싸지만 한 번에 모든 재료를 구입할 수 있어 편하다.

집으로 돌아와 간단하게 밑손질을 해놓고, 꽃을 꽂았다. 스토크는 모양도 수채화처럼 예쁘지만 무엇보다 향기가 좋다. 가격도 저렴하고, 여러모로 장점이 많은 꽃이다. 서로 다른 색의 스토크 두 단을 사서 병에 꽂으니 봄이 온 듯 따뜻했다.

다음 날, 테이블에 개인 매트를 깔고 그릇을 미리 세팅해놓았다. 덮밥 그릇,
녹차 잔, 밑반찬 그릇, 나무젓가락. 타원형의 밑반찬 그릇은 오늘 초대한 친
구가 예전에 선물해준 것이다. 선물의 안부가 궁금했을 텐데, 이걸 보면 무척
반가워하겠지. 클래식 기타 연주가 기분 좋은 곤티티Gontiti의 CD를 틀어놓으
니 집이 바로 카페가 된다. 부드러운 바람 같은 음악을 들으며 이른 아침 두
친구를 맞았다. 친구들은 우리가 먹을 디저트와 파스타 요리책을 선물로 가
져왔다.

후훗, 그날 그녀들의 말은 진심이었을 것이다.

"어머나 예뻐라, 카페보다 나은데?"

오야코동

밥 2공기, 닭다리 살 100g, 양파 1/4개,
팽이버섯 30g, 달걀 2개, 김 1/3장, 실파 2뿌리,
덮밥 다시(가츠오부시 다시 물 150g, 간장 2T,
청주 2T, 설탕1T)

1__ 찬물에 다시마 한 장을 넣고 끓기 시작하면
건져내고, 가츠오부시 한 줌을 넣는다.
가라앉으면 윗물만 받아서 다시 물을
준비해둔다.
2__ 닭다리 살은 얇게 한입 크기로 썰고 양파는
채 썰고 실파와 팽이버섯은 3cm로 썰어둔다.
3__ 달걀은 풀어두고 김은 가늘게 잘라둔다.
4__ 다시 물을 냄비에 넣고 끓으면 닭고기, 양파,
버섯 순서로 넣어 익힌다.
5__ 풀어놓은 달걀을 돌려 부은 다음 10초 후
불을 끄고 밥 위에 얹는다.
6__ 실파와 김을 올린다.

스토크 병꽂이

노란 겹 스토크 1단, 흰 겹 스토크 1단

1__ 물병에 물을 1/2 정도 채운다.

2__ 화기의 2배 길이로 스토크 길이를 자른다.

3__ 물에 들어가는 부분의 꽃잎은 제거한다.

4__ 노란 스토크를 동그란 모양으로 꽂는다.

5__ 흰 스토크를 군데군데 꽂아준다. 노란색 7,
흰색 3의 비율로 색을 맞춘다.

결혼기념일
날치알 크림 소스 파스타

결혼기념일
날치알 크림 소스 파스타

우리 아파트 앞 동에 사는 친구는 내가 집에 들어왔는지 여부를 창밖에 비치는 거실 불의 색깔로 알아본다고 했다. 노란 백열등 색이면 내가 있는 거고, 환한 형광등이 켜져 있을 때는 남편만 있을 때라고. 할로겐과 샹들리에, 스탠드 조명과 촛불을 좋아하는 분위기파는 나고, "환하면 됐지, 뭐" 하는 현실파는 남편이다. 그래도 남편은 내가 있을 때면 형광등을 포기해준다. 대신 TV 리모컨은 늘 남편 차지다. 예능 프로그램을 즐겨 보는 남편이 소파에서 TV를 보며 하하 웃을 때, 나는 창가에 마련한 바에 앉아 책을 읽다가 조금 시끄러우면 이어폰을 끼고 음악을 듣는다.

그렇게 다른 우리였는데, 요즘은 남편이 좀 변했다. 다음 주면 우리의 결혼기념일. 항상 내가 먼저 "결혼기념일에 뭘 할까" 물어봤었는데, 며칠 전 남편이 "우리 결혼기념일에 뭘 할까?" 하고 먼저 물어봐주었다. 먼저 물어봐주었다는 사실이 이렇게 감동일 수가… 내가 원하는 결혼기념일의 특별한 일은 집에서 파티하고, 저녁에 찜질방 같이 가기였다. 찜질방에 아직 한 번도 안 가본 외계인 남편은 마지못해 알았다고 했다.

예전에는 어디 나가서 외식하는 게 좋았는데 요즘은 크리스마스나 생일, 결혼기념일 같은 특별한 날에는 집에서 홈파티를 하는 게 더 좋아졌다. 근사한 외식은 평범한 날이 계속 이어질 때 기분 전환을 위해 선택한다.

우리는 내가 제일 좋아하는 계절인 가을에 결혼했다. 그때 기분을 느낄 수 있도록 가을을 듬뿍 담은 노란색 캔들 센터피스를 만들고, 좋아하는 접시와 커트러리도 꺼냈다. 메인요리는 남편도 잘 먹는 날치알 크림 소스 파스타를 만들기로 했다. 나의 비법 크림 소스는 버터를 사용하지 않고 감자와 양파, 마늘을 끓여서 만드는 것이라 무척 담백한 맛이 난다.

날치알도 함께 넣고 끓이는 것이 아니라 한 스푼 그냥 얹어서 먹기 때문에 신선한 맛이 살아 있고, 톡톡 터지는 식감도 재미있다.

저녁 준비를 마치고 남편을 기다리며 두툼한 결혼사진첩을 꺼냈다. 해마다 이맘때면 결혼식 사진과 신혼여행 사진들을 들여다보며 지금 잘 살고 있는 건가 반성도 하고, 그때 참 좋았구나 싶어 미소도 지어본다.
이때 딩동, 초인종 소리가 들렸다. '벌써 퇴근했나? 아직 시간이 이른데?' 의아해하며 문을 여니, 하얀 장갑을 끼고 제복을 깔끔하게 입은 호텔 베이커리 직원이 웃으며 박스를 건넨다. 얼떨떨해서 박스를 풀어보니 결혼기념일 케이크와 카드가 들어 있다. 아, 정말 변했구나.
고마워, 남편. 앞으로도 잘 살아가자고.

날치알 크림 소스 파스타

스파게티 2인분, 감자 1개, 양파 1/3개,
마늘 7개, 우유 1컵, 생크림 1T,
양송이버섯 5개, 브로콜리 1송이,
새우 5마리, 날치알 2T, 소금 한 꼬집

1__ 감자, 양파, 마늘을 굵게 썰어
　　물을 자작하게 붓고 끓인다.
2__ 익으면 믹서에 간 후 우유를 넣는다
3__ 데쳐놓은 한입 크기로 썬 양송이,
　　브로콜리, 새우도 함께 넣고 끓인 후
　　소금으로 간한다.
4__ 삶아놓은 스파게티를 넣고 섞는다.
5__ 접시에 담고 날치알을 한 스푼 올린다.

캔들 센터피스

노란색과 주황색이 섞여 있는 라넌큘러스 2단, 초록색 수국, 러스카스

1__ 플로랄 폼이 세팅된 리스에 물을 흡수시킨다.
2__ 라넌큘러스를 큰 꽃, 작은 꽃을 섞어가며 동그랗게 꽂는다.
　　 가운데는 직각으로 꽂고 옆쪽은 약간 사선으로 꽂아주면 자연스럽다.
3__ 초록색 수국과 러스카스로 군데군데 빈 곳을 채워준다.
4__ 노란색 양초를 가운데에 놓는다.

호텔 조식
오믈렛

여행을 가면 돌아오는 날 아침에 한 번쯤은 호텔 조식을 먹는다. 아침을 만들어서 먹고 서둘러 설거지하느라 우왕좌왕하지 않아도 되니 여행의 마무리가 여유로워져서 좋다. 마치 외국에서 리조트 여행을 하고 온 듯한 기분을 느낄 수 있고. 그래서 오랫동안 여행을 못 하면 호텔 조식이 그립기도 하다. 그럴 땐 좋아하는 호텔에 조식 뷔페를 먹으러 간다. 조식이라 저녁만큼 비싸지 않고, 카드 할인까지 받으면 가격도 그다지 부담스럽지 않다.

여행을 다녀온 지도 오래되었고 친구한테 밥을 살 일도 있어서 W호텔에 갔다. 처음에는 조식 뷔페를 먹자는 제안에 의아해하던 친구도 호텔에 도착하니, 이런 세상이 있었냐며 좋아한다. 조식 뷔페에서 내가 제일 좋아하는 곳은 달걀 요리 코너다. 다른 음식은 미리 세팅되어 있지만 달걀 요리는 그때그때 직접 만들어주기 때문이다. 주문하고 자리에서 기다리면 가져다주지만 요리 과정을 지켜보는 것이 좋아서 그냥 서서 기다린다. 기다리면서 셰프 님께 오믈렛을 통통하게 만드는 노하우도 여쭤보고 운이 좋으면 연습 시절 에피소드도 들을 수 있다. 그렇게 들은 얘기 중에 제주 하얏트 호텔의 셰프 님이 알려준 노하우가 제일 도움이 되었다. 동그랗게 말기 전 스크램블을 만들 때 덩어리가 균일해야 잘 말린다고 일러주었던 것. 그때 그 말을 들은 후부터 나의 오믈렛 솜씨가 일취월장했다.
식사를 마치고 커피를 한 잔 더 마신 후 아쉽지만 현실로 돌아왔다.

나만 좋은 시간을 보낸 게 미안해서 다음 날 아침은 남편에게 호텔에서 먹은 오믈렛을 만들어주었다. 바게트 빵과 샐러드도 곁들이고 호텔처럼 꽃도 몇 송이 꽂아두었다. 다 먹은 후 남편이 말했다.

"어렸을 때 외국 동화에 보면 가난한 주인공이 '차갑고 딱딱한 빵을 먹었습니다'라는 표현을 쓰잖아. 그땐 그게 무슨 말인 줄 몰랐거든. 그런데 이제 알겠어"라고 했다. 깨끗하게 비워진 접시에 홀로 남겨진 바게트 빵을 보니 웃음이 절로 나왔다.

호텔 셰프 님의 접시를 따라해봤는데, 괜히 그랬나보다.

"다음에는 오믈렛만 만들어줄게. 좋아하는 케첩 듬뿍 뿌려서."

오믈렛

달걀 3개, 피망 1/4개, 토마토 1/4개, 햄 1/2장,
바게트 빵 1조각, 크레송, 방울토마토 1개

1__ 달걀을 풀어 체에 내린다.
2__ 피망, 토마토, 햄을 잘게 다지듯 썰어
    달걀과 섞는다.
3__ 약불에 달군 팬에 기름을 두르고 오믈렛
    반죽을 저어가며 익힌다.
    스크램블 덩어리가 균일하도록 주의한다.
4__ 2/3 정도 익었을 때 중불로 올리고 팬을
    기울여 오믈렛이 아래쪽으로 몰리게 한다.
    실리콘 주걱으로 조금씩 들어 올리듯
    말아 럭비공 모양으로 완성한다.

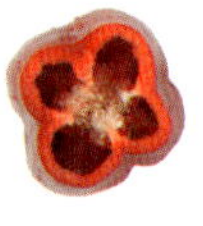

✤ 미니 센터피스

노란 장미(일레오스) 5송이, 연한 그린 장미(키위) 2송이,
러스카스

1__ 플로랄 폼에 물을 흡수시킨 후 화기 높이보다 2cm
     올라오게 세팅한다.
2__ 장미 가지를 사선으로 잘라 동그랗게 꽂는다.
     정중앙에 먼저 90도 각도로 꽂고 가장자리를
     45도 각도로 꽂는다.
3__ 꽃 사이사이 빈 곳에 러스카스 초록 잎 소재를 꽂아
     싱그러운 느낌을 더한다.

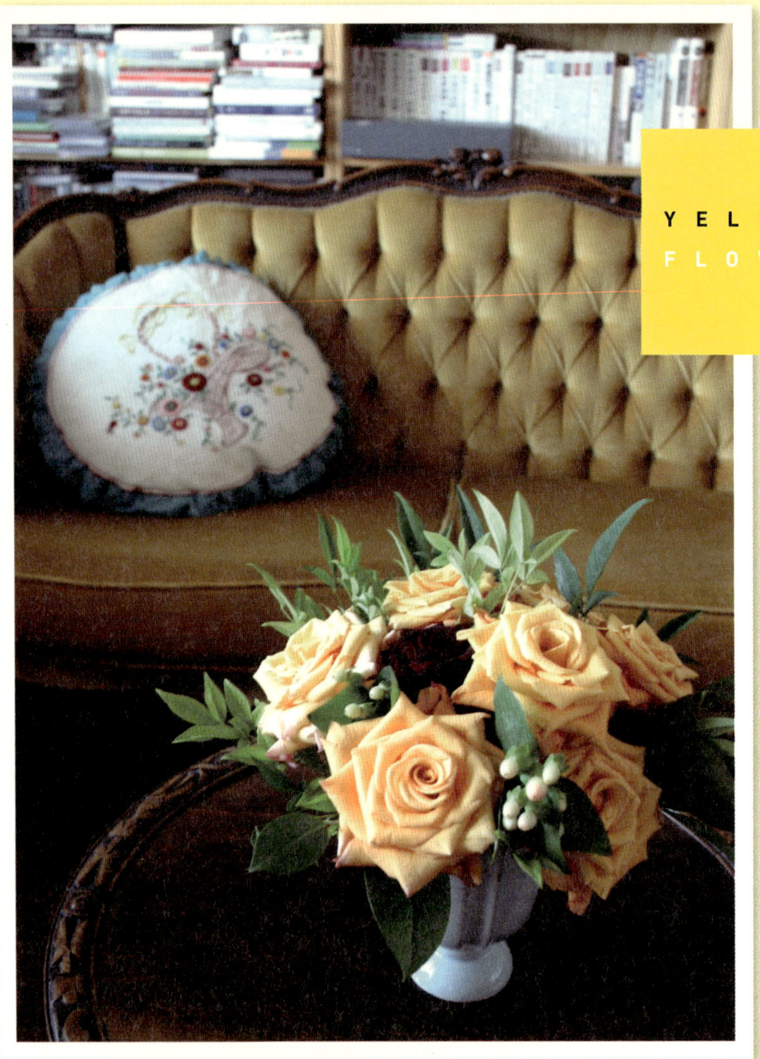

노란 미니 병꽂이 ● 꽃꽂이할 때 제일 어려운 색은 노란색이다. 잘못 섞으면 촌스러워지기 때문에 멋있게 믹스하기가 무척 어렵다. 플로리스트라면 노란 꽃에 여러 가지 색을 섞어 화려한 작품을 만들 수 있지만, 그 역시도 쉬운 일이 아니다. 노란색 꽃을 쉽고 예쁘게 꽂는 방법은 다른 꽃을 섞지 않고 노란색 한 가지만 꽂는 것이다. 한 송이도 좋고, 여러 송이도 좋다. 노란색 장미 한 단과 초록색 소재 한 단을 사서 동그랗게 꽂아 서재에 두었다. 집에 꽃이 있으면 일주일이 행복하다. 책도 더 잘 읽히는 것 같고, 음악도 더 잘 들리는 것 같고, 일기장에 일기도 써보고 싶어진다.

해바라기 꽃바구니 ● 다른 꽃과는 다르게 해바라기를 보면 아련한 슬픔이 느껴진다. 어릴 적 평화로웠던 여름방학 한 낮이 그리워서일까? 열정만큼 행복하지 못했던 고흐 때문인지도 모른다. 어쩌면 해만 바라본다는 짝사랑 꽃이어서 그럴지도 모르겠다. 해바라기로 가득한 프로방스의 들녘은 너무 아름다워서 눈물이 난다. 사실 해바라기는 대가 굵긴 해도 단단하지 않아서 꽃꽂이하기가 쉽지 않은데도 꽃시장에서 예쁜 해바라기를 보면 나도 모르게 마음이 간다.

정사각 베이스 ● 꽃을 잘 꽂는 것과 예쁘게 꽂는 것은 다르다. 나는 공식대로 잘 꽂는 것보다는 예쁘게 꽂는 것이 더 좋다고 생각한다. 표정이 있는 꽃이 좋기 때문이다. 화기에 플로랄 폼을 넣고, 노란색 꽃과 어울리는 골드 리본으로 화기를 감쌌다. 수국과 장미, 아네모네, 섬담쟁이를 꽂아가며 완성했는데, 꽃이 따뜻한 느낌을 주는 듯해 마음에 들었다. 정사각 베이스는 동그란 형태의 화기보다 좀 더 모던하고 세련된 느낌을 준다.

캔디 컬러 수반꽂이 ● 수반에 플로랄 폼을 세팅하고 여러 가지 색을 알록달록하게 꽂아 테이블을 장식했다. 귀여운 느낌의 캔디 컬러 꽃꽂이를 할 때는 무지개색을 중심으로 꽃을 준비한다. 단, '빨주노초파남보'가 아니라 '빨주노초, 하늘분홍, 보라'로 색을 준비한다. 꽃 색깔도 다양하게, 꽃 크기도 다양하게 준비하면 더 화려한 느낌을 줄 수 있다. 이렇게 꽃 종류가 많을 때는 같은 종류끼리 서너 송이씩 모아서 꽂는 그루핑 기법으로 꽂으면 예쁘다.

각종 장미 병꽂이 ● 꽃꽂이를 처음 해보는 친구에게 가르쳐준 장미 병꽂이다. 꽃시장에 가면 여러 색의 장미를 섞어서 한 단씩 파는 곳이 있다. 이렇게 여러 색이 섞인 장미를 두 단 사고 빈 곳을 채워줄 러스카스 소재도 한 단 산다. 튤립 모양의 유리 화기는 초보자들도 꽃을 꽂기 쉬운 형태다. 화기에 물을 채우고 장미를 동그랗게 꽂은 후 빈 곳에 러스카스를 꽂아주면 쉽고도 아름다운 컬러 조합을 보여주는 병꽂이를 완성할 수 있다.

파스텔 병꽂이 ● 연한 노랑, 살구빛 스토크와 하늘색 델피늄으로 파스텔 톤 병꽂이를 한 후, 연노랑과 주황빛의 투톤 느낌이 나는 장미로 포인트를 주었다. 친구 집에 놀러 갈 때 선물로 가져갔는데, 친구네 식탁과 정말 잘 어울려서 행복했다. 꽃은 지인들과 함께하는 시간과 공간을 더욱 특별하게 해준다. 내가 꽂은 꽃이 가장 아름답게 빛나는 공간 역시도 바로 집이라는 생각이 든다.

이른 봄, 세상은 온통 그린의 파티가 한창이에요.
아직 초록이 되기 전의 연한 연두색 새순들과 조금씩 다른
그라데이션이 꽃보다 아름답지요. 여러 느낌의 초록색 잎들이
햇빛을 받아 반짝이는 순간은 그때의 공기와 바람과 함께
하나의 작품이 된답니다. 눈으로 마음으로 감상한 후,
테이블에서 느낌을 나눠보아요. 초록색 꽃들과 함께 하얀색
작은 꽃들도 골라보세요. 더 예쁘고 화사해질 거예요.
신선한 봄이 필요할 때 준비해보세요.
그린 테이블은 싱그럽고 순수하답니다.

Before 크리스마스 파티
페스토 소스 펜네 파스타

크리스마스 파티는 조금 일찍 하는 게 좋은 것 같다. 크리스마스 장식이 아직 싫증나지 않고 기다리는 동안의 설렘이 최고조인 일주일 전쯤이 적당하다. 친한 친구들에게 초대 전화를 하고 파티의 컬러 코드는 그린으로 정한다. 파티를 하기 하루 전에 샹들리에에 유리 오너먼트를 매달아 식탁 위에 떨어뜨리고 그린으로 동그랗게 꽂은 리스로 센터피스를 만든다. 오랜만에 기타를 꺼내 코드를 잡고 노래도 불리본다.

이번 크리스마스 파티에는 공연을 해볼까?

"얘들아, 이번 파티는 집에서 공연을 한번 해보면 어때? 어색하긴 해도 재미 있지 않을까?"

갑작스런 제안에 처음엔 펄쩍 뛰던 친구들도 그날이 다가올수록 적극적으로 바뀌었다. 목소리가 예쁜 친구는 시를 낭송하겠다고 하고, 연극 동아리를 했던 친구는 극본을 몇 개 구해 모노드라마를 구상한다. 서로 준비 상황을 확인하며 깔깔대던 시간은 어쩌면 파티보다 더 소중한 시간이었을지도 모르겠다. 모두가 좋아하는 리사오노의 크리스마스 캐롤 1. 2집을 아이팟에 플레이시키고 파티가 시작되었다. 파티는 티타임, 쇼타임, 런치타임으로 나눠 구성했다. 이럴 땐 런치도 간단한 음식이 좋다. 소스만 만들어놓으면 간편하게 먹을 수 있는 페스토 소스 펜네 파스타를 친구들과 수다 떨며 만들어 먹으니 혼자서 준비하는 것보다 한층 즐겁다.

우리끼리 하는 작은 발표회인데도 왜 이렇게 떨리지? 우린 많이 웃었고, 때로 눈물도 났다. 그렇게 어색하면서도 묘하게 여운이 남는 크리스마스 파티가 끝났다. 테이블을 정리하며 조용히 반짝이는 트리를 바라본다.

'아직 크리스마스는 일주일이나 남아 있어.' 절로 흐뭇한 미소가 떠오른다.

페스토 소스 펜네 파스타

펜네 파스타 4인분, 껍질콩 200g, 감자 중간 크기 1개,
가니시용 잣 10알, 파르마산 치즈 30g,
페스토 소스(잣 100g, 마늘 두 쪽, 올리브오일 50g,
바질 150g, 얼음 한 조각)

1　잣, 마늘, 올리브오일을 믹서에 간 후 바질과
　　얼음 한 조각을 첨가해 조금 더 갈고 소금으로
　　간해 페스토 소스를 만든다.
2　끓는 물에 소금 1t을 넣고 펜네 파스타를 넣어
　　9분 정도 삶아 물기를 빼고 오일 한 스푼을
　　넣어 섞어둔다.
3　곁들임 채소인 감자와 껍질콩은 굵게 막대
　　썰기 해 소금 넣은 물에 살짝 데쳐낸다.
4　팬에 페스토 소스, 펜네 면, 데쳐낸 감자와
　　껍질콩을 넣고 섞는다.
5　접시에 담고 몇 개의 잣을 올리고 파르마산
　　치즈 가루를 뿌린다.

리스 센터피스

리스 틀, 화이트 리시안셔스, 스마일락스,
초록 미니국화, 화이트 라이스플라워

1__ 플로랄 폼이 세팅되어 있는
     동그란 리스에 물을 먹인다.
2__ 스마일락스 줄기를 잘라 전체적으로
     동그랗게 꽂아 기본 형태를 만든다.
3__ 리시안셔스를 3~5송이 그룹으로
     모아 세 군데에 꽂는다.
4__ 흰색, 초록색의 작은 꽃들을
     전체적으로 동그랗게 꽂는다.
5__ 초록색 초를 리스 곁에 세운다.

2월의 봄
그린 샐러드와 민트 에이드

2월 말에는 제주도에 가는 걸 좋아한다. 아직은 겨울이지만 그곳에 가면 왠지 봄이 와 있을 것 같아서… 가벼운 가방을 메고 도착한 제주도는 날씨가 흐렸다. 바람도 찼다. 호텔에 짐을 풀고 차 한 잔을 마신 후, 안 가봤던 곳만 드라이브하기로 했다.

이국적인 풍경의 성 이시돌 목장에서 이른 봄을 카메라에 담고, 두모악의 소박한 풍경이 좋아 천천히 걸었다. 비오토피아에 가기 위해 평화로를 달리는 동안 '정말 평화롭구나' 하는 생각이 들었다. 레스토랑에서 우동과 화덕피자를 먹던 오후는 일상처럼 편안했다. 한낮의 햇살은 따스해서 졸음이 몰려왔고, 이른 봄꽃들은 반가웠다. 녹차 밭엔 올해 첫 차가 될 차 잎들이 싱그러웠다.

저녁 무렵에는 올레길 안에 있는 물고기 카페에서 차를 마셨다. 다음에 올 때는 낮은 담장 위로 별이 뜰 때까지 우도 올레길을 꼭 걸어보자는 이야기를 나누며 구체적인 계획도 세웠다. 이번에는 무리해서 이곳저곳 다니기보다는 맛있는 음식을 먹고, 충분히 쉬면서 그렇게 겨울의 피로를 씻었다.

서울로 돌아오니 마음은 벌써 봄이다. 식탁에서 우리 집 봄을 시작해볼까? 애플민트, 라임, 사이다를 넣은 민트 에이드를 준비하고, 빵과 치즈와 채소가 풍성한 메인 같은 샐러드를 만들었다. 잘 익은 아보카도를 으깨서 딥을 만들어 모차렐라 치즈와 신선한 채소까지 곁들인 브루스게타 같은 샐러드라서 한 끼 식사로도 충분했다.

미니 화분 하나를 테이블로 가져오니 꽃이 아니어도 충분히 아름답다. 동글동글 잎이 예쁜 트리안을 센터피스로 장식한 후 상큼한 2월의 봄을 식탁에서 즐겼다.

다가올 봄에 마음이 설렌다.

그린 샐러드

바게트 빵 3조각, 아보카도 딥(아보카도 1개, 레몬즙,
소금, 후추), 생모차렐라 치즈 3조각,
샐러드 채소(크레송, 치커리, 완두콩),
레몬 소스(올리브오일, 레몬즙, 꿀, 소금)

1 　바게트 빵 세 조각을 마른 팬에 토스트한다.
2 　껍질과 씨를 뺀 아보카도를 으깬 후 레몬즙,
　　소금, 후추로 간한다.
3 　샐러드 채소를 씻어(물기 제거가 중요하니
　　채소건조기를 쓰거나 키친타월로 닦는다),
　　삶은 완두콩과 함께 레몬 소스를 넣어 무친다.
4 　빵, 아보카도 딥, 손으로 뚝뚝 찢은
　　생모차렐라, 샐러드 순서로 담는다.

트리안 센터피스

트리안 유리 화기

1 　트리안 미니 화분을 준비해 너무 긴 가지는
　　잘라내 정리한다.
2 　동그란 유리 화기 속에 화분을 넣는다.

민트 에이드

라임즙 1/2, 애플민트 1/2팩, 얼음, 사이다

1__ 깨끗이 씻은 애플민트 잎을 넣고 방망이로
콩콩 찧는다(머들링이라고 한다).
2__ 머들링한 애플민트를 넣고 얼음을 컵의 2/3
정도로 채우고 라임즙과 사이다를 넣는다.
3__ 링 썰기 한 라임에 살짝 칼집을 낸 후
컵 위에 꽂아 장식한다.

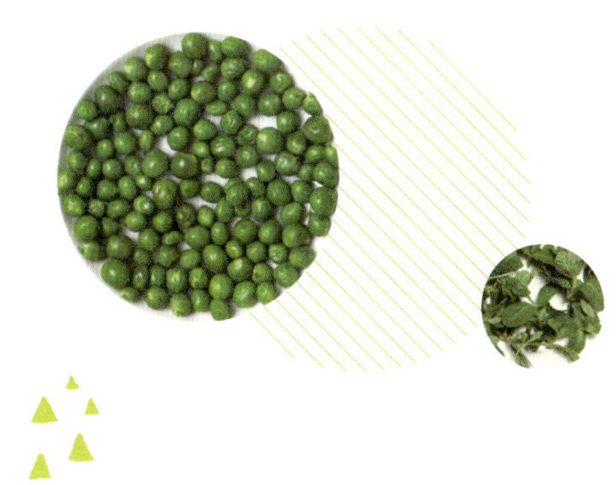

Green

친구와 쇼핑한 후

아보카도 롤

예전에는 친구와 브런치를 먹고, 커피 마시면서 수다 떠는 만남이 잦았는데, 꽃과 요리를 배운 후에는 만남이 좀 더 다채로워졌다. 어떤 친구와는 카페놀이를 하고, 어떤 친구와는 운동을 하고, 어떤 친구와는 꽃을 꽂고, 어떤 친구와는 미술관에 간다. 또 어떤 친구와는 함께 장을 본 후 그 재료로 음식을 만들어 먹는다. 그런 날은 장보기부터 파티의 시작이다.

"코스트코 갈래? 늦었으니 꾸미지 말고 그냥 나와."

코스트코는 대용량으로 파는 물건이 많아서, 같이 가자는 친구의 전화를 받고서야 나서는 경우가 많다. 초록색 병이 예쁜 페리에를 한 박스 사서 친구와 나누고, 한 번 사두면 든든한 스타벅스 원두커피와 코스트코에서는 제법 가격이 괜찮은 아보카도도 한 망 샀다. 너무 딱딱하지 않은 것이 바로 요리해서 먹기 좋을 듯하다.

페리에 병을 바 테이블 위에 나란히 장식용으로 세워두고, 작은 꽃들을 유리병에 꽂아 식탁에 놓았다. 간단한 샐러드를 준비한 후, 오늘의 메인요리인 아보카도 롤을 만들었다. 사실 롤은 재료가 간단해 만들기 쉬운데, 친구가 뒤집기 과정 때문에 어려워하기에 만들면서 간단히 요리강습도 해주었다.

느지막이 일어나 장을 보고 맛있는 것 만들어 먹고 차를 마시며 대화를 나누다보니 마치 우리가 은퇴자의 소소한 일상을 보내는 것 같았다. 그날 친구와 '진짜 이상적인 은퇴자의 삶이란 어떤 걸까'에 대한 얘기도 오래 나누었던 것 같다.

그때가 오면, 지금처럼 테이블에 꽃을 세팅하고 그 꽃에 어울리는 맛있는 요리를 좋은 사람들과 즐겁게 나누며 살고 싶다.

아보카도 롤

밥 1공기, 구운 김 2장, 게맛살 3줄, 오이 1/2개, 아보카도 1개,
배합초(식초 2t, 설탕 1t, 소금 한 꼬집), 마요네즈 1T

1   배합초를 끓여 뜨거운 밥에 넣고 섞어 초밥을 만든다.
2   오이를 채 썰고, 게맛살은 결대로 찢어 마요네즈에 버무린다.
3   아보카도는 가로로 반 자른 후, 얇고 길게 어슷썰기 한다.
4   김발에 랩을 씌우고 김 위에 밥을 얇게 편 후, 뒤집어
     김이 위로 오게 하고 게맛살, 오이를 올린 후 둥글게 만다.
5   아보카도를 올린 후, 7~9토막으로 자른다.

미니 병꽂이

그린 카네이션, 아미, 그린 미니 국화

1   입구가 작은 유리병에 물을 2/3 정도 채운다.
2   꽃은 줄기가 가는 것으로 준비하고, 컬러는 그린으로 맞추되 진한 색과 연한 색을 섞는다.
3   병 높이의 1.5배 정도의 길이로 꽃의 줄기를 자른다.
4   물이 닿는 줄기의 잎들은 제거한다.
5   부케처럼 하나로 모아 묶어 병에 꽂는다.

조카와의 데이트
BLT 샌드위치

며칠 동안 별러왔던 앙리 카르티에 브레송 사진전 〈찰나의 거장전〉도 보러 가고, 현대백화점 사은품인 입식 다리미판도 받아야 하는데, 막상 혼자 나서려니 심심했다. 조카 예은이라도 부를까? 일단 예은이를 불러서 냉장고에 있는 태극당 모나카 아이스크림을 꺼내 뇌물로 먹이고 뤼미에르 갤러리에 데려갔다.

오늘이 전시 마지막 날이기는 하지만, 이렇게 사람이 많을 줄은 몰랐다. 자그마한 전시장에 흑백 사진들이 빼곡히 걸려 있었다. 처음에는 소박한 전시라고 생각했는데 사진 한 장 한 장을 보며 생각이 달라졌다. 생활 속의 결정적인 순간을 놓치지 않고 작품으로 담아낸 작가는 그야말로 '찰나의 거장'이었다. 역시 실물로 만나는 대가의 작품은 오랫동안 여운이 남았다.

다음 코스는 백화점. 사은품을 받은 후 조카에게 오랜만에 옷도 한 벌 사주었다. 점원이 모자도 한번 써보라고 권해서 씌워봤더니 정말 예쁘다. 여기다 어린이용 워커까지 맞춰서 신기니 딱 한 세트다. 덕분에 머리부터 발끝까지 조카를 꾸며주는 백만장자 놀이를 했다. 다음 달 카드 결제일이 두렵기는 하지만, 신데렐라가 된 조카를 보니 안 사줄 수가 없었다. 내 것으로는 북카페에서 책을 두 권 샀다. 사진전을 볼 때는 지루해하더니 새 옷을 입고는 나폴나폴 뛰며 흥분하는 예은이를 진정시키려고 딸기 주스를 사주었다. 흥분이 가라앉기는커녕 더 좋아라 하며 눈이 커지는 예은이에게 말했다.

"오늘 이모네 가서 저녁 먹을래?" 조카는 "꺄악~"이라고 대답했다. 내 요리와 꽃을 좋아하는 조카는 신나게 "찬성"을 외쳤고, 우리는 마트에 들러 간단히 쇼핑을 하고 집으로 왔다.

예은이는 은근히 눈썰미가 좋다. 예전에 어린이날 파티를 함께 꾸민 적이 있는데, 테이블 세팅에 타고난 재주가 있는 건 아닐까 생각될 정도였다. 그날

이후 함께하는 두 번째 세팅. 작은 꽃들을 조금씩 묶어 귀여운 센터피스도 여러 개 함께 만들고, 예쁜 그림이 그려진 접시들을 꺼내서 자유롭게 놓도록 했다.

음식은 조카가 좋아하는 BLT 샌드위치로 만들었다. 로메인 상추를 물에 담그고 토마토를 잘랐다. 베이컨을 굽고 달걀을 삶고, 샌드위치에는 우유보다 주스가 더 어울리니 생과일 주스도 준비했다. 다 세팅하고 났더니 예은이가 "스머프 나라에 놀러 온 거인을 위한 파티 같은데?" 했다.

함께 조몰락거리는 모습이 예뻐서 조카에게 말했다.

"예은아, 너 애기였을 때가 엊그제 같은데 언제 이렇게 컸니? 신기하다." 그랬더니 조카의 말. "이모 벌써 십 년도 훨씬 지났어. 내가 하나도 안 크고 똑같이 있다면 그게 더 신기한 거지."

맞다. 그렇구나, 하하.

BLT 샌드위치

식빵 4장, 베이컨 4장, 양상추 1장,
토마토 슬라이스 2개,
소스(삶은 달걀 1개,
오이피클 다진 것 1T, 마요네즈 1T)

1__ 식빵을 토스트한다.
2__ 양상추는 씻어두고, 베이컨은
　　 팬에 굽고, 토마토는 링 썰기해
　　 키친타월로 물기를 없앤다.
3__ 삶은 달걀과 오이피클을 다져
　　 마요네즈에 버무려 소스를 만든다.
4__ 식빵에 소스를 바르고 베이컨,
　　 토마토, 양상추를 올린 뒤
　　 소스를 바르고 빵으로 덮는다.
5__ 잠시 살짝 눌러서 형태를 고정시킨
　　 후 대각선으로 자른다.

좀 더 푸짐하게 만들려면 빵을 네 장으로
늘린다. 빵과 재료 사이에 접착 역할을 하는
소스를 바르고, 빵-베이컨-토마토-빵-
양상추-빵-베이컨-토마토-빵 순서로
만든다.

미니 센터피스

초록 국화, 핑크색 들국화

1__ 초록색 미니 국화를 열두 송이 정도 모아서 묶은 후
가지를 화기 길이에 맞게 자른다.

2__ 핑크색 들국화도 같은 방식으로 미니 부케를 만든다.

3__ 초록색 부케 두 개와 핑크색 부케 두 개를 각각 미니
화기에 맞게 꽂는다.

Green

와, 예쁘다
쌈 밥

남편은 저녁을 주로 밖에서 먹고 오는데, 어제는 오랜만에 일찍 들어왔다.

"오늘 반찬은 뭐야?"

"뭘 먹고 싶은데?"

"당신이 만들기 힘든 것, 정성이 엄청 들어가는 것!"

"됐거든."

늘 농담처럼 하는 대화지만 오늘은 왠지 '그래, 오랜만에 정성껏 차려보자'는 마음이 들었다. 우리 둘이 식사를 할 때는 주로 1식 1찬으로 차린다. 남편도 나도 여러 가지 반찬보다는 하나만 만들어 심플하게 먹는 걸 좋아한다. 김치 찌개가 있으면 밥만 한 공기 놓고, 카레라이스를 했으면 김치만 하나 꺼낸다. 불고기를 한 날은 상추와 고추장이면 된다.

그런데 가끔은 아무 날이 아니어도 예쁘게 차려서 정성 가득한 식탁을 마련하고 싶다. 오늘이 바로 그런 날.

아파트 내에 있는 정육점에 가서 한우 안심을 조금 사왔다. 고기를 직접 칼로 다져 볶은 다음 고추장과 갖은 양념을 섞어 약고추장을 만들었다. 쌈 다시마와 찐 양배추와 적상추에 밥을 조금씩 담아 먹기 좋게 하나씩 쌌다. 큰 접시에 예쁘게 담고, 약고추장과 쌈장을 곁들였다. 외식하는 것처럼 테이블 클로스도 깔고, 연두색 수국도 동그랗게 꽂아 센터피스도 만들었다. 잔잔한 음악도 틀어놓았다.

식탁에 앉은 남편의 첫마디, "와, 예쁘다!"

밥을 먹는 동안 얘기도 많이 나누었다. 배가 고파서 허겁지겁 먹는 식사가 아닌 데이트 같았던 저녁식사. 오랜만에 따뜻한 저녁이었다.

쌈밥

쌈 다시마 3줄, 양배추 5장, 꽃상추 5장,
약고추장(고추장 2T, 소고기 안심 다진 것 2T, 청주 1t,
마늘 1t, 잣 10알, 꿀 1t, 참기름 1T), 쌈장(고추장 1T,
된장 1/2T, 다진 마늘 1t, 고추 1개, 꿀 1t, 참기름 1t)

약고추장

1   소고기를 키친타월에 싸두어 핏물을 뺀 후 잘게 다진다.
2   팬에 볶다가 청주를 넣고 조금 더 볶는다. 여분의 기름을
제거한다.
3   2에 고추장, 마늘, 꿀, 참기름을 넣고 조금 더 볶은 후
불을 끄고 잣을 섞는다.

쌈장

1   마늘은 다지고, 고추는 잘게 썬다.
4   고추장, 된장, 꿀, 참기름, 마늘, 고추를 넣고 섞는다.

쌈밥

1   쌈 다시마는 찬물에 10분 담궈 짠맛을 뺀 후,
살짝 데쳐낸다.
2   양배추는 낱장으로 뜯어 8분 정도 찐다.
3   쌈 다시마, 양배추는 가로 12cm 세로 7cm 정도로
직사각형으로 자른 후 밥을 한 스푼씩 넣고 잘 싸서
쌈장을 곁들인다.
4   꽃상추는 씻어 알맞은 크기로 정리하고, 밥을 넣어 싼 후
약고추장과 잣을 올린다.

수국 꽂이

연두색 수국 1대, 스틸글라스, 진주 한 개, 플로랄 폼

1__ 플로랄 폼에 물을 흡수시켜 화기 높이에 맞게 잘라 넣는다.
2__ 수국 한 송이를 이루고 있는 작은 가지 몇 개를 나누어
       잘라 여러 송이의 수국을 만든다.
3__ 플로랄 폼에 마치 한 송이의 수국을 다시 만드는 것처럼
       한 가지씩 꽂는다.
4__ 초록색 스틸글라스 가지를 얇게 잘라 진주를 관통시킨다.
       플로랄 폼 양쪽 끝에 꽂아 수국 위를 장식한다.

one fine day
피크닉 바구니

날씨가 좋은 날은

오늘은 세 가지를 다 해서 뿌듯한 날이다. 아침에 빨래를 해서 건조대에 널어두고, 점심때는 집 앞 서울숲으로 피크닉을 갔다. 깔고 앉을 체크무늬 천과 간단한 간식을 바구니에 챙겨 집을 나섰다. 나무 그늘이 있는 잔디밭에 자리를 잡고 아이폰으로 음악을 들으며 책을 읽는데, 구름이 시시각각 다른 그림을 보여준다.

날씨가 유난히 화창한 날은 선셋과 야경이 더욱 예쁘기 때문에 해질 무렵에는 자전거를 타고 강변을 달렸다. 서쪽으로 서쪽으로 선셋이 끝날 때까지… 사진을 찍다보니 어느덧 이촌동이다.

이촌동에 사는 친구가 문득 생각나 저녁을 먹자고 불러냈다. 우린 오랜만에 동문우동에 가서 우동을 먹었다. 20년 전이나 지금이나 변함없는 맛과 분위기가 고마웠다. 추억이 추억으로만 남지 않게 해주어서. 친구의 이집트 여행 이야기를 들으며 커피빈에 앉아 있는데, 카페 밖에 세워둔 내 미니벨로 자전거가 화보처럼 예뻐 보인다.

집으로 돌아와 기분 좋은 피곤함에 누워서 바라보는 밤하늘이 참 맑다. 날씨가 좋은 날은 달도 참 청명하게 빛나는구나.

게다가 오늘은 내가 좋아하는 손톱달이네.

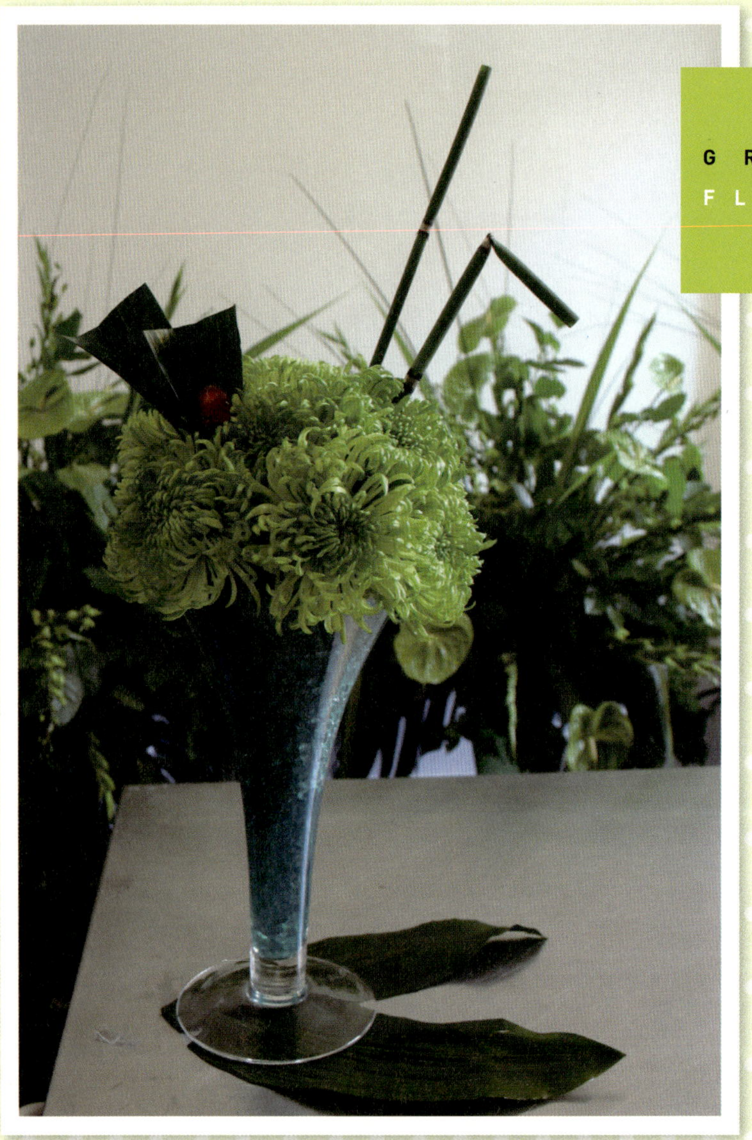

플라워 칵테일 ● 커다란 칵테일 잔 화기에 색깔 있는 돌을 넣고 물을 채운 후 초록색 샴록 국화를 동그랗게 꽂고 엽란을 삼각형으로 두 장 잘라 젤리와 함께 장식한다. 마디 초는 두 개의 빨대처럼 꽂아 표현한다. 엽란을 테이블에 깔면 화려한 파티 장식이 된다. 여름에 핑거푸드와 함께하는 파티 때 사용하면 좋은 아이템이다. 영국 유학 때 만들었던 작품인데, 같이 공부했던 일본 친구와 그냥 헤어지기 아쉬워서 숙소에 초대해 꽃이 있다는 핑계로 미니 파티를 했다.

클래식 웰컴플라워 ● 화기에 플로랄 폼을 넣고, 영국 콘스탄스 스프레이 학원의 정원에서 직접 꺾은 나뭇가지들로만 만든 커다란 웰컴 플라워다. 연두색, 초록색, 약간 회색빛이 나는 초록색 등 다채로운 초록의 느낌이 어우러지도록 표현했다. 꽃꽂이할 때 항상 중요하게 생각해야 할 점은 꽃을 너무 빽빽하게 꽂으면 안 된다는 것이다. 꽃과 꽃 사이에 나비가 날아다닐 수 있는 공간이 있어야 한다.

모던 빅 어레인지먼트 ● 여름철 결혼식이나 기자회견장, 신제품 런칭쇼 등이 열리는 큰 공간을 빛내줄 수 있는 작품이다. 초록색 화기 위에 플라스틱 수반을 크기에 맞춰 올리고 플로랄 폼을 세팅해 꽂았다. 초록색 꽃과 초록색 소재들로만 꽂아 모던한 느낌을 주었다. 엽란을 전체적으로 꽂아 시원한 느낌을 주는 동시에 작품 전체의 키를 높여주었고, 커다란 몬스테라 잎을 아래에 꽂아 안정감과 부피감을 주었다.

그린 리스 ● 모든 꽃꽂이는 만든 첫날보다는 이틀째가 더 예쁘다. 조금 더 피어서 꽃 모양이 더 화려해지기 때문이다. 그래서 나는 파티 하루 전에 꽃을 완성한다. 첫날의 싱싱한 느낌은 나 혼자서 충분히 즐긴다. 다음 날 꽃은 더 예뻐져 있고, 음식만 준비하면 되니까 한결 파티 준비가 여유롭다. 리스 틀에 초록색 소재를 두세 종류 섞어서 풍성하게 꽂고 복숭아색 장미와 하얀 리시안셔스를 군데군데 꽂아주었다.

긴 화기꽂이 ● 파티 테이블에 음식이 많이 차려져 있어서 공간을 넓게 차지하지 않도록 긴 화기를 이용해 꽃 장식을 했다. 수국, 퐁퐁, 리시안셔스, 레몬잎 등 초록색 꽃들로 부케를 만들어 병에 꽂고 양 옆 화기에는 스마일락스를 물속에 넣고 캔들을 띄웠다. 뷔페 테이블에 리듬감을 주어 더 화려한 세팅이 완성되었다.

Pink

꽃을 배워서 좋은 점은 일상이 파티가 된다는 거예요.
꽃 하나면 테이블이 특별해지고 시간과 공간도 특별해진답니다.
무언가 좋은 일이 있는 날이면 파티를 하는데 어떤 때는 순서가
바뀌기도 하지요. 그냥 꽃을 꽂고 싶어서 테이블에 놓았는데
정말 예쁠 때는 꽃을 핑계로 손님을 부릅니다. 함께 보면
더 예쁘니까요. 간단하지만 맛있는 음식을 준비하고
시간이 갈수록 더 예쁘게 피어나는 꽃과 함께라면 평범한 날이
반짝반짝 빛이 나지요. 특히 분홍색 꽃을 꽂는 날은
파티 할 확률 백퍼센트예요.

심야극장
카나페와 과일 펀치

"오늘 밤에 우리 집에서 영화 볼까?" 아파트 친구들에게 문자를 보냈다.

"상영시간은 밤 9시, 슬로 라이프에 관한 영화 〈안경〉." 모두 좋다는 답을 받고, 기다리는 동안 과일 펀치를 만들었다. 주스와 레몬즙과 사이다, 생과일을 섞으면 달콤하고 시원한 파티 음료가 만들어진다.

다들 저녁은 먹고 올 테니, 간단하게 카나페를 만들었다. 늘 비상식량으로 있는 아이비 크레커를 꺼내고, 냉장고를 열어 무슨 토핑을 올릴지 생각해보았다. 크래커에 크림치즈를 살짝 바르고 작게 자른 내용물들을 그림 그리듯 예쁘게 조합해 올렸다. 색과 모양, 맛이 조금씩 다른 카나페는 만드는 데 들인 정성 대비 효율이 무척 높다. 카나페를 접시에 담고, 핑크색 장미를 하트 모양으로 꽂아 만든 센터피스를 놓았다. 캔들까지 함께 켜니 테이블이 무척 로맨틱해진다.

"언니네 오면 늘 대접 받는 것 같아서 기분이 좋아. 이거 어떻게 만드는 거야?" 과일 펀치와 카나페 만드는 이야기를 조금 나눈 후, 스크린이 내려오고 영상에는 파란 하늘 가득히 안경이라는 제목이 떴다. 진정한 휴식을 위하여 휴대폰이 안 터지는 곳을 찾아 도착한 바닷가 펜션, 거기에서 벌어지는 안경 쓴 사람들의 소소하고 담백하고 맛있는 이야기. 아침마다 차려져 있던 정갈한 식탁과 에메랄드 빛 바닷가에서 계속 귀에 머물던 바람 소리, 영화가 끝날 때 흐르던 음악도 정말 좋았다.

영화가 끝나자 우리가 원하던 여행이 바로 이런 것이었다며 감상평이 줄줄이 이어졌다. 음악을 틀까 했지만, 영화 속 바람 소리의 여운을 즐기는 게 더 나을 것 같았다. 마지막 한 모금의 과일 펀치를 마시며 지금 우리의 이 순간도 누군가 촬영하고 있다면 바닷가 펜션의 휴식처럼 편안해 보일지도 모르겠다는 생각을 했다.

카나페

크래커, 크림치즈, 딸기, 피스타치오, 키위, 방울토마토, 모차렐라치즈,
바질, 페스토 소스, 오이, 양파, 올리브, 참치, 고추냉이, 검은깨, 간장,
삶은 달걀, 비트, 애플민트

1__ 크래커에 크림치즈를 바르고 각종 토핑을 얇게 썰어 올린다.
　　딸기를 동그랗게 가로로 자르고, 그 위에 피스타치오 다진 것을
　　올린다.
2__ 아이보리 색 채소 위에 키위를 올린다.
3__ 페스토 소스, 방울토마토를 가로 썰기 한 것, 모차렐라치즈,
　　바질 순서로 올려 카프레제 카나페를 만든다.
4__ 얇게 링 썰기 한 오이 위에 양파를 얹고 가운데에
　　블랙 올리브를 놓는다.
5__ 오이 위에 간장을 살짝 넣어 무친 참치를 올리고 검은 깨와
　　고추냉이로 장식한다.
6__ 삶은 달걀 위에 비트와 애플민트를 올린다.

과일 펀치

사과 주스 1컵, 홍자몽 주스 1/2컵, 사이다 1/2컵,
레몬즙 1T, 딸기·오렌지·라임 등 생과일,
얼음 조금

1__ 사과 주스, 홍자몽 주스, 레몬즙을 섞은 후
사이다를 넣는다.
2__ 얇고 작게 썬 생과일과 얼음을 넣어 맛이
우러나도록 냉장고에 보관한 후 마신다.

♣ 하트 센터피스

진분홍색 장미, 연분홍색 왁스플라워

1__ 플라스틱 밑받침이 되어 있는 하트
　　모양의 플로랄 폼에 물을 흡수시킨다.
2__ 각이 진 부분을 칼로 도려내
　　전체적으로 부드럽게 각이 없는
　　하트 모양의 플로랄 폼을 만든다.
3__ 장미 가지를 짧게 잘라 플로랄 폼에
　　직각으로 꽂는다. 가장자리는 약간
　　바닥 쪽으로 각도를 기울여
　　동그란 모양이 되도록 한다.
4__ 작은 얼굴의 꽃 모양이 예쁜 왁스
　　플라워를 포인트로 꽂아준다.
5__ 금색 끈으로 리본을 매서 철사를
　　U자로 구부려 꽂아준다.

오후 네 시의 지란지교

홍 차 와 마 카 롱

친구가 오후 네 시에 마카롱을 사왔을 때, 그에 어울리는 예쁜 접시와 얼마 전에 산 홍차를 내올 수 있는 친구가 되고 싶다. 친구처럼 예쁜 분홍색 테이블클로스를 깔고 앤틱 화기에 로맨틱한 리시안셔스를 꽂아 친구의 마카롱을 빛내주는 친구가 되고 싶다. 아침의 커피는 물론 오후의 티타임도 즐길 줄 아는 친구. "이 작은 게 왜 이렇게 비싸?" 하지 않고, 세상에서 가장 아름다운 동그라미인 마카롱에 가끔은 기분 좋게 지갑을 열 줄 아는 친구. "홍차에서는 공기와 시간의 맛이 느껴져"라고 말하면, 또 다른 홍차 이야기가 이어져 애프터눈 티타임을 행복하게 만들어주는 친구가 있으면 좋겠다. 아니, 또 그런 친구가 되고 싶다.

요즘도 가끔 예쁜 필기도구와 노트를 산다고 하면 나도 그러고 싶다고 맞장구쳐주는 친구, 일 년에 한 번을 만나도 섭섭해하지 않고 어제 만났던 것처럼 자연스럽게 대해주는 친구, 스테이크 담는 접시를 따뜻하게 데워놓을 줄도 알고, 단무지와 당근밖에 안 들어가는 광장시장 꼬마김밥도 좋아하는 친구. 이유 없이 꽃을 선물했을 때 부담스러워 하지 않고, 그냥 아이처럼 기쁘게 받아줄 수 있는 친구가 있으면 좋겠다.

혼자라고 생각될 때, 하루 만에 갑자기 가을에서 겨울로 변하는 추운 계절에 그냥 그 친구가 있다는 생각만으로 위로가 되는 그런 친구가 있으면 좋겠다. 또 그런 친구가 되고 싶다.

그 친구와 멋진 리조트를 예약해 타히티 여행도 하고 싶고, 민박집에서 참치찌개 끓여가며 올레길도 걸으면 좋겠다. 앞도 보고 옆도 보며, 재미있고 아름답게…

홍차

잎 홍차 3g 또는 티백 1개, 물 200g

1__ 티 주전자에 미리 뜨거운 물을 부어 따뜻하게 데워둔다.
2__ 따뜻해지면 물을 버리고 티 주전자에 홍차 잎을 넣는다.
3__ 팔팔 끓는 물을 차 잎이 많이 움직일 수 있도록 힘 있게 붓고
　　 뚜껑을 닫아 2~3분 기다린다.
4__ 찻잔의 8부 정도의 높이로 홍차를 따른다.

마카롱

아몬드파우더 50g, 슈가파우더 90g, 달걀흰자 40g, 설탕 10g,
딸기가루 조금, 화이트 초콜릿 50g, 생크림 50g

1__ 달걀흰자를 거품기로 거품을 내다가 어느 정도 거품이
많아지면 설탕을 넣어 거품이 하얗고 부드러운 생크림
케이크 거품처럼 될 때까지 저어 머랭을 만든다.
(너무 단단하지 않은 80% 정도 완성된 머랭의 형태)
색이 있는 마카롱은 설탕 넣을 때 색소도 넣는다.
2__ 체친 아몬드파우더, 슈거파우더를 머랭과 섞어준다.
재빨리 살짝살짝 저어서 반죽이 너무 퍼지지도 너무
안 섞이지도 않은 상태로 만든다.
3__ 오븐 팬에 실리콘페이퍼를 깔고 반죽을 짤주머니에 넣어
50원 동전 크기로 짠다.
4__ 반죽을 30분 이상 충분히 실온에 놓아두어 손으로 만져서
안 묻어날 정도로 껍질을 건조시킨다.
5__ 건조시키는 동안 가나슈를 만든다. 화이트 초콜릿과
생크림을 넣고 중탕한 후 저어주면서 잘 짜질 수 있는
상태로 식힌다.
6__ 150도 정도의 오븐에 15분 정도 굽는다. 반죽 밑에 프릴이
생길 때까지 오븐 문을 열면 안 된다.
7__ 완성된 마카롱을 실온에 두어 식힌 후에 준비한
가나슈를 발라 두 개를 샌드한다.

    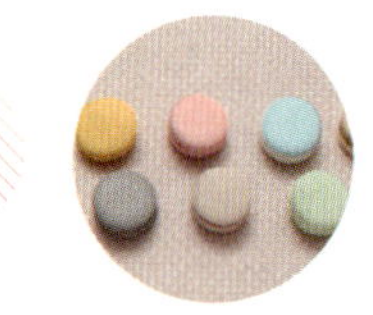 

 ## 리시안셔스 병꽂이

연분홍색 리시안셔스

1__ 연분홍색 리시안셔스를 화기 높이의 1.5배
정도 길이로 줄기를 자른다.

2__ 물에 닿는 화기 아래쪽 부분의 잎과
줄기는 잘라낸다.

3__ 줄기를 자를 때 가능하면 사선으로 잘라야
물을 잘 흡수해 꽃이 오랫동안 싱싱하다.

4__ 한 줄기에 여러 잔가지가 있고 꽃이 여러
개 달려 있으면, 너무 높거나 너무 낮은 꽃은
잘라내고 남은 가지들 중에서 평균적인 꽃의
높이에 맞추어 전체 길이를 잘라낸다.

5__ 중심을 통과해 대각선 방향으로
꽃을 꽂아나간다.

6__ 가장자리가 다 꽂히고 가운데 쪽이 비면
꽃의 각도를 조금씩 세워가며 가운데 쪽도
채워준다. 전체적으로 동그랗고 자연스럽게
꽃병을 채워 병꽂이를 완성한다.

Pink

웰컴 아시안 나잇
월남쌈과 얌운센

런던에 갔을 때 친한 언니가 "며칠 전에 우리 집에서 퐁듀 나잇 했어" 하는데, 그게 뭘까 싶었다. 퐁듀 나잇. 말 그대로 '퐁듀 만들어 먹는 밤'이었다. 'night'이 붙으니 왠지 이름에서부터 파티 분위기가 반은 완성되는 것 같았다. 파티라 하면 뭔가 엄청난 음식과 화려한 테이블 세팅을 떠올렸는데, 그때 런던에서 만난 친구들의 파티는 참으로 일상적이고 소박했다.

뭔가 기념할 날이 있으면 저녁에 집에 모여 간단한 장식을 하고 한두 가지 음식으로 특별한 날을 즐겼다. 음식과 꽃과 테마만 있으면 누구나 부담 없이 파티를 주선했다. 그때 받은 문화적인 충격이 내 생활에도 기분 좋은 변화를 가져왔다. 초대를 두려워하지 않게 되었고, 테이블에는 한두 송이라도 꽃을 장식하게 되었다. 그냥 먹고 즐기는 파티 속에서도 뭔가 작은 이벤트를 만들어 파티의 클라이맥스도 만들 줄 알게 되었다.

생일파티나 크리스마스, 송년회, 졸업파티, 승진파티처럼 확실한 테마가 있을 때도 있지만, 그냥 맛있는 음식을 나누고 싶을 때는 그때 언니한테 배운 '나잇'이라는 말을 붙여 파티를 열었다. 그리하여 처음 해본 나잇 파티가 바로 '아시안 푸드 나잇'이었다. 아시안 누들 요리를 배우러 다닐 때여서 재료도 집에 있었고 배운 요리도 실습해보고 싶어서 꽃을 함께 배우는 친구들을 우리 집으로 초대했다.

아시안 스타일 하면 왠지 강렬한 색감이 떠올라 화려한 핑크색 테이블클로스를 깔고, 색깔도 맞춰 분홍색 수국 센터피스도 만들었다. 가벼운 음식을 좋아하는 친구들이니 음식은 칼로리가 낮은 월남쌈과 얌운센으로 준비했다. 친구들이 편하게 먹을 수 있도록 월남쌈은 미리 하나하나 싸서 핑거푸드처럼 준비해두었다.

서로 달라붙어서 떨어뜨려놓느라 고생은 좀 했지만 보기에는 좋았다.

쌀국수를 여러 부재료와 함께 새콤달콤하게 무친 누들샐러드 얌운센도 미리 만들어두었다. 소스와 주스까지 세팅하니 내가 할 준비는 끝.

친구들이 디저트는 사오기로 했고, 이제 음악만 있으면 된다. 너무 시끄럽지 않으면서도 흥겨운 느낌이 드는 라운지 음악 몇 곡을 골라 아이팟 데크에 랜덤플레이로 설정해놓았다.

오, 좋아. 이제 즐기기만 하면 되는 거야!

월남쌈

라이스페이퍼 10장, 훈제 닭다리 살 100g,
칵테일 새우 100g, 파프리카 1개, 양상추 3장,
오이 1/2개, 쌀국수 100g, 파인애플 1/4개,
소스(칠리 소스 1T, 피시 소스 1t,
청·홍고추 다진 것 각각 1t)

1__ 파프리카, 양상추, 오이, 파인애플은 채 썬다.
2__ 쌀국수는 물에 30분 정도 불려두었다가
　　 끓는 물에 살짝만 담궜다 빼내어 찬물에
　　 헹궈둔다.
3__ 훈제 닭다리 살은 잘게 찢어놓고,
　　 칵테일 새우는 데친다.
4__ 칠리 소스에 피시 소스를 약간 넣고,
　　 청·홍고추를 다져 넣어 소스를 만든다.
5__ 라이스페이퍼를 미지근한 물에 잠시 넣었다
　　 뺀 후 물기 있는 접시에 넓게 펴 각종
　　 재료를 넣고 동그랗게 만다.

얌운센

쌀국수 100g, 닭다리 살 100g, 칵테일 새우 5마리, 셀러리 1대, 양파 1/4개,
청·홍고추 다진 것 1T, 실파 1대, 고수 1줄기, 땅콩 1T, 라임 1개, 피시 소스 1T

1__ 불려놓은 쌀국수를 뜨거운 물에 잠시만 넣었다 빼서 찬물에 헹궈둔다.
2__ 닭다리 살은 찢어놓고, 새우는 데쳐둔다.
3__ 셀러리, 양파, 실파는 3cm 정도로 썰어둔다.
4__ 라임은 링 썰기를 한 개 해둔 후 나머지는 즙을 낸다.
5__ 청·홍고추, 고수, 땅콩은 다져서 피시 소스 1T, 라임즙 5T, 설탕 1T와
    섞어 소스를 만든다.
6__ 쌀국수와 준비된 모든 재료에 소스를 넣고 버무린다.
7__ 라임을 한쪽에 놓아 장식한다.

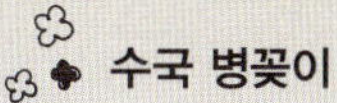 **수국 병꽂이**

분홍색 수국 2송이, 화이트 스토크, 라이스플라워, 유칼립투스

1   분홍색 수국을 양쪽에 꽂는다.
2   하얀색 스토크를 다섯 대 정도 모아서 한쪽에 꽂는다.
3   사이사이에 작은 하얀 꽃 라이스플라워를 꽂는다.
4   유칼립투스로 빈 곳을 채워주고, 전체적인 라인을
      완성하며 리듬감을 준다.

Pink

집에서 먹는 도시락은 맛있어
지라시스시 벤토

약속이 생겨 나가야 하는데, 남편은 일찍 들어온다고 한다. 다른 날 같으면 그냥 나갈 텐데 오늘은 무척 재미있는 약속이 기다리고 있어서 그냥 나가기가 미안했다.

집에서 혼자 먹을 수 있는 음식 중에 제일 맛있는 게 뭘까? 잠시 생각해보다가 도시락이 떠올랐다. 남편은 냉장고에 반찬을 넣어두고 전기밥솥에 밥을 해두어도 귀찮다며 라면을 끓여 먹는 사람이다. 그래서 가끔 집을 비울 때 도시락을 싸놓곤 하는데, 특별한 반찬이 아니어도 도시락에만 넣으면 아주 좋아하며 맛있게 먹는다. 오늘은 좀 특별하게 지라시스시를 넣은 일본식 벤토를 싸보기로 했다. 도시락도 좋아하고 일식도 좋아하니 아마 박수를 치지 않을까? 많은 양을 만들지는 않을 것이기 때문에 가까운 백화점으로 가서 모듬회 작은 박스 하나를 사왔다. 참치 따로 연어 따로 새우 따로 각각 사려면 가격도 부담이고 남은 건 또 냉동실에 넣어야 하니까 이렇게 모듬회를 사는 것이 간편하다.

밥은 일식 스타일로 냄비 밥을 했다. 예전에 세계적인 일식 요리사 노부의 방식을 책에서 보고 따라해보았는데, 무척 맛있게 되어서 그다음부터는 항상 이 방식으로 밥을 한다. 쌀을 깨끗이 씻어 30분 정도 불린 후에 불린 쌀과 물을 1대 1로 하고 센불에 끓인다. 끓기 시작하면 1분간 더 끓인 후 중불로 줄이고 5분 더 끓인다. 불을 끄기 전 10초 정도만 센불로 다시 올려 끓인 후 불을 끄고 15분간 뜸을 들이면 된다.

각종 토핑 재료를 다듬어놓은 다음에 식초, 설탕, 소금을 끓여 만든 초대리를 뜨거운 밥에 넣고 섞어 초밥을 만들었다. 밥 위에 채 썬 지단을 깔고 하나하나 예쁘게 재료들을 얹으니 그림 그리는 기분이 들었다.

보온병에 따뜻한 미소국도 넣고, 소풍 온 것처럼 꽃무늬 리넨도 깔고, 예쁜 핑크 레모네이드도 테이블에 올렸다. 미니 이젤을 꺼내서 작은 꽃으로 장식하고 메시지를 적은 카드도 붙였다.

"친구가 참 많았는데 누구와 제일 친하냐고 물으면 고민이 되더라구. 이젠 자신 있게 대답할 수 있어. 제일 친한 내 친구는, 바로 당신이야. 벤토 맛있게 먹어. 난 두 번째로 친한 친구들하고 꽃놀이 다녀올게. 이따 만나."

지라시스시 벤토

밥 2공기, 참치 6조각, 연어 3조각, 새우 2마리,
연근 4조각, 어묵 3조각, 브로콜리 3송이,
달걀 2개, 날치알 2T, 식초 1T, 설탕 1/2T, 소금 1t

1__ 식초, 설탕, 소금을 데워 뜨거운 밥에 섞어
초밥을 만든다.
2__ 달걀 지단을 부친 후 1cm 정도의 폭으로
채 썬다.
3__ 한입 크기로 참치, 연어, 어묵을 썰고, 새우는
꼬리만 남기고 데친다. 연어는 3장을 길게
놓고 돌돌 말아 장미꽃 모양을 만든다.
4__ 연근은 가로썰기 해서 꽃모양을 만들어
식초를 살짝 넣은 물에 데치고, 브로콜리는
소금물에 데쳐 찬물에 헹군다.
5__ 초밥을 담고 달걀 지단을 올린 후, 가운데에
연어를 올리고 참치를 고르게 나눠 올린다.
사이사이에 연근, 브로콜리, 새우, 날치알을
보기 좋게 올린다.
6__ 각자 담아 먹을 수 있도록 개인 접시와
피클을 곁들인다.

이젤 장식

나무이젤, 석죽, 유칼립투스

1__ 작은 들꽃 스타일의 꽃을 초록 잎과 함께 모아 쥐고 리본으로 묶는다.
2__ 나무로 만든 미니 이젤 위쪽, 아래쪽에 만들어둔 미니 부케를
       양면 테이프로 고정시킨다.
3__ 이젤에 축하 카드를 붙이거나 메시지를 쓴다.

시어머니와 봄나들이

화 전

시어머님은 아들만 둘이라 딸을 키워본 적이 없어서, 며느리가 들어오면 예쁜 옷 입고, 손잡고 봄나들이 가는 게 오랜 꿈이라고 하셨다. 하지만 며느리인 나는 예쁜 옷 입고 꾸미는 일에 소질이 없고, 시어머니 손을 잡는 건 아직도 부끄럽고 어색하다. 어머님의 꿈 중에서 내가 해드릴 수 있는 것은 오직 봄나들이뿐이었다.

이번 주는 날씨가 계속 좋다는 일기예보를 본 후, 어머니와의 봄소풍을 계획했다. 김밥을 싸고, 찹쌀가루를 익반죽해 화전도 만들었다. 화전을 부친 다음 살짝 식혀서 야외에서 먹기 편하도록 시럽 대신 설탕을 뿌렸다. 찹쌀은 서로 붙기 쉬우므로 하나하나 쿠키용 비닐에 포장했는데 반짝반짝 투명한 비닐 속 화전이 맛도 좋고 예쁘기도 했다. 보온병에는 따뜻한 보리차를 담았다. "어머니, 아버지, 우리 가까운 양평으로 봄소풍 가요." 시부모님을 차에 모시고 천천히 드라이브를 했다.

창밖을 보며 벌써 꽃이 많이 폈다며 꽃구경도 하시고 "예전에는 여기가 ××이었는데…" 하시며 지나가는 곳의 예전 모습도 이야기해주셨다. 유명산에 올라가서 아직 초록색이 되기 전의 연두색 새순들도 구경하고 적당한 곳에 돗자리를 편 후 준비해온 점심을 먹었다. 어머니는 근처에서 두릅을 발견하고 꺾어오시며 정말 좋아하셨다.

짧은 봄나들이를 마치고 시댁에 돌아와 쉬는데 아침부터 도시락 싸느라 피곤했는지 나도 모르게 소파에서 잠이 들었다. 어머니는 옆에서 나물을 다듬고 계셨는데 잠결에 들으니 방귀를 뀌시는 거다. 뽀오옹~ 너무 졸려서 그냥 잤는데 계속 방귀 소리가 났다. 잠이 반쯤 깨어 "어머니, 속이 안 좋으세요?" 했더니 "그러게 말이다" 하신다. 점심에 드신 음식이 안 좋았나 싶어 걱정이 되어 일어났더니 어머니께서는 풀피리를 불고 계셨다. 낮에 산에서 뜯어온 풀을 입에 대고 뿌웅 뿌우웅 풀피리를 부시는데 그 소리가 진짜 방귀 소리 같았다. 어머님의 유머에 잠시 멍했지만, 계속 실실 웃음이 났다.

내가 가져온 그릇에는 물론 그것의 세 배는 넘게 이런저런 음식들을 싸주시는 어머니. 고맙게 받아서 집으로 돌아왔다. 남편은 화전, 한과 같은 우리 옛 음식들을 좋아한다. 그래서 화전 반죽을 남겨두었었다.

저녁에 남은 반죽으로 다시 화전을 부쳤다. 이번에는 접시에 담고 정식으로 시럽을 뿌렸다. 만들어두었다가 너무 차가울 것 같아 안 가져갔던 백년초 화채도 담고, 예쁜 꽃무늬 식탁보도 깔고 들꽃도 꽂았다. 맛있게 먹는 남편에게 낮에 소풍 다녀온 얘기를 해주었다.

남편은 그 웃긴 풀피리 방귀 얘기에도 "그래?" 하고 만다.

아들만 둘인 우리 시어머니에게는 정말 딸 같은 며느리가 필요할 것 같다는 생각을 했다.

화전

찹쌀가루 150g, 뜨거운 물 1T, 소금, 딸기가루 약간, 설탕 1T,
크랜베리, 피스타치오, 대추

1__ 찹쌀가루에 뜨거운 물을 넣어 오래 치대어 익반죽한다.
반은 딸기가루를 넣어 색을 낸 후 반죽한다.
완성된 반죽은 비닐에 넣어둔다.

2__ 설탕과 물을 1대 1로 넣은 후 젓지 말고 약불에 끓여
1/2로 졸여 시럽을 만든다.

3__ 토핑할 크랜베리, 피스타치오, 대추를 작게 썰어놓는다.

4__ 반죽을 동그랗게 빚어 토핑을 올린 후 식용유를 두른 팬에
약불로 지진다. 뒤집지 말고 윗면은 뜨거운 식용유를
끼얹어가며 익힌다.

5__ 접시에 화전을 담고 시럽을 뿌려준다.

백년초 화채

백련초 5개, 사이다 500ml, 배

1__ 백련초를 씻어 가시에 주의하며 여러 곳에 칼집을 낸다.
2__ 유리병에 넣고 사이다를 부어 하룻밤 숙성시킨다.
3__ 배를 얇게 편 썰기 한 후 하트 모양 깍지를 이용해 찍어낸다.
4__ 백련초 주스를 그릇에 담고 모양 낸 배를 띄운다.

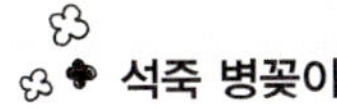

♣ 석죽 병꽂이

자주, 분홍, 흰색 꽃이 섞여 있는 석죽(패랭이) 한 단

1__ 화기에 물을 1/2 채운다.
2__ 석죽을 화기 높이의 2배 길이로 자른다.
3__ 화기 안으로 꽂히는 부분의 잎은 제거한다.
4__ 동그랗게 손으로 꽃을 모아 부케를 잡은 후
　　 화기에 꽂는다.

커다란 파티 장식 ● 장미 60송이, 카네이션 50송이, 거베라 25송이가 들어간 큰 작품이다. 결혼식, 시상식 같은 큰 행사가 있을 때 장식하는 웰컴플라워다. 물을 먹이지 않은 플로랄 폼 여러 개로 기둥을 만든 다음 치킨와이어로 감아 고정시키고 사이사이 이끼를 끼워 넣은 다음 이끼에 물을 뿌려 꽃의 수분이 마르지 않도록 한다. 엽란으로 아래쪽 라인을 정리하고, 나비 장식으로 포인트를 주었다. 이렇게 대형 작품일 경우, 완성해서 행사장으로 옮기지 않고 화기 세팅과 꽃줄기만 정리해서 행사장에서 직접 만든다.

하트 모양 플라워케이크 ● 어버이날, 스승의 날, 밸런타인데이 등 사랑과 감사를 표현하고 싶은 날 선택하면 무조건 성공하는 꽃 선물이다. 알록달록한 여러 가지 꽃들을 사고, 얼굴이 작은 미니 플라워를 사는 것이 포인트다. 여러 종류의 꽃을 사야 하므로 한 단씩만 사도 꽃의 양이 무척 많아진다. 이 작품의 경우 친구 두세 명이 함께 꽃을 사서 만들면 몇 작품이 나오기 때문에 좋다.

신부 대기실 플라워 ● 5월의 신부가 된 막내 여동생의 결혼식 날, 신부 대기실에 선물했던 웰컴플라워다. 5월 신부의 특권인 작약을 메인으로 수국, 라일락, 리시안 셔스, 럭셔리, 부르트, 아미… 5월의 예쁜 꽃은 다 꽂았다.

플라워 샹들리에 ■ 다래나무 가지를 여러 개 엮어서 동그란 틀을 만들고 섬담쟁이로 기본적인 푸르름을 스케치한 후, 장미와 라넌큘러스를 사이사이 꽂았다. 꽃이 금세 마르지 않도록 줄기를 자를 때 물속에서 잘라 순간적으로 물을 많이 머금게 한 후 줄기를 종이테이프로 감싸 수분이 마르지 않게 한다. 낚싯줄로 비즈를 묶어 비대칭으로 여러 개 달아준 후, 리본을 묶어 천장에 매단다. 꽃을 많이 꽂지 않아도 충분히 멋스럽다. 여름 밤, 야외 테이블이 있다면 꼭 다시 만들어 보고 싶은 장식.

장미 부케 ■ 부케에 쓸 꽃은 결혼식 이틀 전에 사서 미리 꽃을 피운다. 보통 스물다섯 송이 정도로 부케가 만들어지는데 한 단 정도 여유를 두고 더 사서 가장 아름다운 상태의 꽃만 골라 부케를 만드는 것이 좋다. 색이 약간 다른 분홍색 장미 두 종류를 랜덤으로 섞어서 핑크색으로 물들인 건조 잎으로 가장자리를 둘러 만든 장미 부케다. 런던에서 이 부케를 만들어 들고 집으로 가는데, 외국에서 사람들의 시선을 그렇게 많이 받아본 적이 없었던 것 같다. 친절하게 웃어주던 사람들. 내 꽃이 받은 관심이지만, 나 또한 장미처럼 예뻐진 것 같았다.

롱앤로 ■ 옆으로 기다란 직사각형 화기에 꽂는 꽃이라 롱앤로라고 불린다. 결혼식 단상, 기자회견 테이블 등에서 흔히 볼 수 있는 형태다. 보통 롱앤로는 객석에서 바라보는 앞면이 중요하기 때문에 주로 앞쪽만 꽂는다. 하지만 나는 주례 선생님이나 기자회견을 하는 주인공이 보는 꽃의 모습도 중요한 것 같아서, 그 한 사람을 위해 뒷면까지도 항상 꽃을 꽂는다.

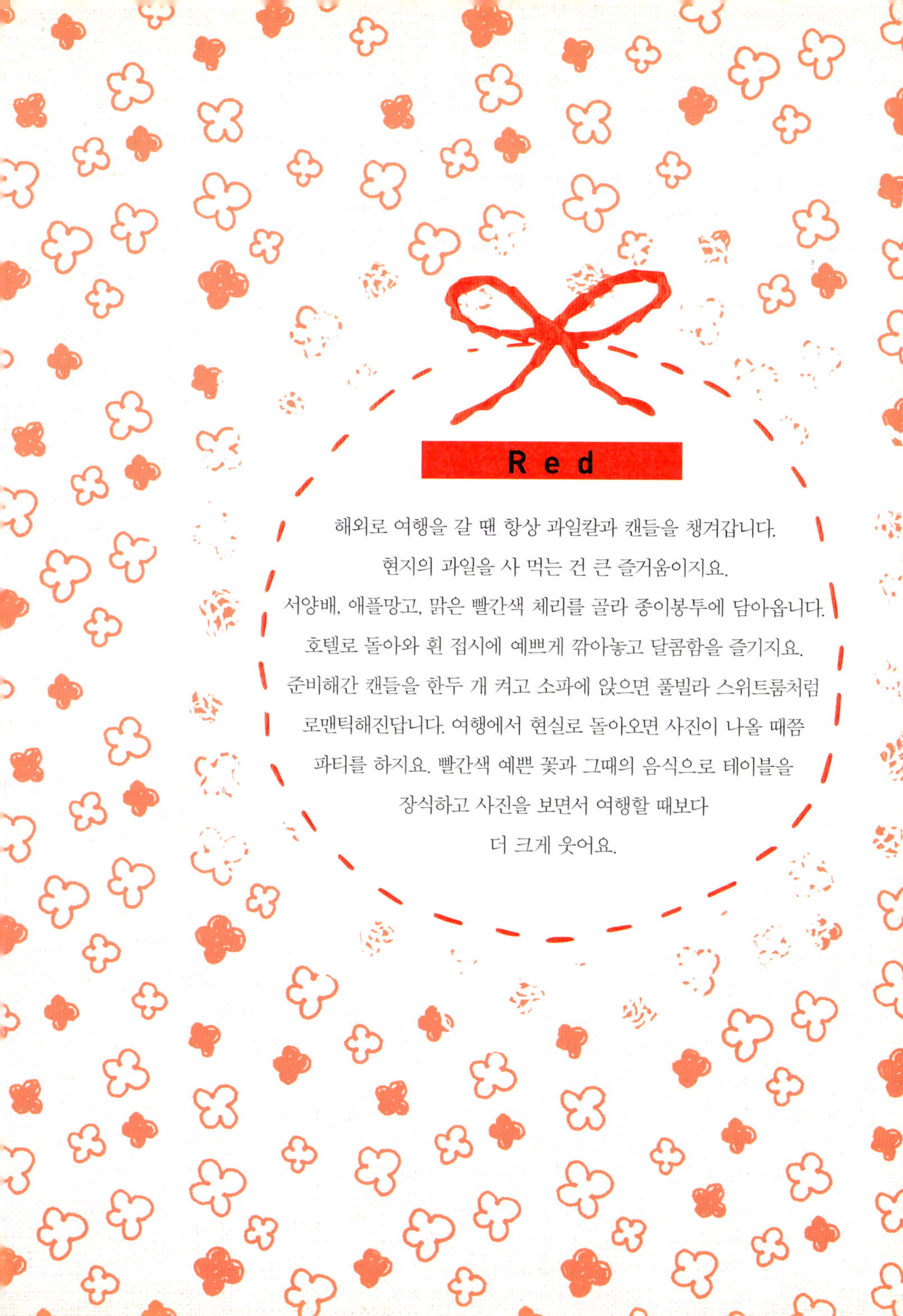

해외로 여행을 갈 땐 항상 과일칼과 캔들을 챙겨갑니다.

현지의 과일을 사 먹는 건 큰 즐거움이지요.

서양배, 애플망고, 맑은 빨간색 체리를 골라 종이봉투에 담아옵니다.

호텔로 돌아와 흰 접시에 예쁘게 깎아놓고 달콤함을 즐기지요.

준비해간 캔들을 한두 개 켜고 소파에 앉으면 풀빌라 스위트룸처럼

로맨틱해진답니다. 여행에서 현실로 돌아오면 사진이 나올 때쯤

파티를 하지요. 빨간색 예쁜 꽃과 그때의 음식으로 테이블을

장식하고 사진을 보면서 여행할 때보다

더 크게 웃어요.

Red

감동이었어, 산토리니
그릭 샐러드

결혼 10주년 기념 여행을 산토리니로 정하고 정말 많은 고민을 했다. 절벽 위 하얀 집들이 상상과는 달리 초라하고 허름하면 어쩌지? 덥기만 해서 걸으면서 계속 짜증이 나면? 직항도 없고 대기시간 포함 23시간이나 걸리는데 피곤해서 여행을 망쳐버리게 되면? 무엇보다 나 때문에 자기 취향을 포기하고 따라나선 남편한테 미안할 것 같은데⋯

상상했던 것만큼 힘들었던 비행시간이 끝나고 드디어 산토리니 공항에 도착했다. 택시를 타고 예약한 호텔이 있는 곳으로 출발했다. 밖으로 보이는 척박한 사막 같은 길을 보니, 마음이 조금씩 불안해진다. 다행히 우리가 도착한 마을은 골목길이 대리석으로 되어 있어서 지나쳐온 마을보다는 조금 깨끗해 보였다.

산토리니는 호텔에서의 생활이 가장 중요하기 때문에 이 마을에서 가장 좋은 호텔을 예약했다. 가격은 만만치 않았지만, 결혼 10주년이기도 하고 좀 편히 쉬려던 계획이었기 때문에 큰맘 먹고 결정했다. 그런데 도착한 호텔 입구의 정문이 내 키보다도 낮다. 이거, 너무 소박한 것 아닌가⋯

산토리니는 호텔들이 절벽 위에 지어졌기 때문에 정문이 제일 위에 위치한다. 리셉션 프런트를 향해 내려가려고 하는 순간 믿을 수 없는 장관이 펼쳐졌다. 지금까지의 걱정이 한순간에 사라지는 순간이었다. 주위를 압도하는 어마어마한 바다와 하얀 계단을 하나씩 내려갈 때마다 나타나는 동화처럼 예쁜 공간들. 산토리니는 거대한 스케일의 자연과 아기자기한 공간들이 마치 하나의 작품처럼 공존해 하나님과 인간의 합작품 같은 느낌을 자아냈다.

설레던 새벽과 한낮의 눈부신 파란 바다, 핑크빛 선셋, 수영장 조명까지 꺼진 아주 늦은 밤에는 별빛과 달빛이 아름다움을 지켜주던 곳, 산토리니는 그렇게 24시간 내내 아름다웠다. 지금도 눈을 감으면 한낮의 카티키즈 수영장이

뚜렷이 떠오른다.

바다를 바라보며 먹던 아침 식사는 정말 감동이었다. 아침 산책을 마치고 돌아오면 발코니 테이블 한가득 차려져 있던 그리스 스타일의 아침 메뉴들. 특히 짭조름한 올리브와 큼직한 페타 치즈, 토마토로 이루어진 그릭 샐러드는 샐러드에 대한 고정관념을 깨뜨려주었다. 간편하기도 하고, 매일 먹어도 정말 맛있어서 요즘도 가끔 만들어 먹는다.

그때처럼 바구니 가득 식사 빵을 담고, 잼도 종류별로 여러 개 꺼내고, 플레인 요거트에 꿀과 호두를 넣고, 시리얼과 우유, 주스와 커피, 그리고 예쁜 라넌큘러스 꽃까지 꽂아 테이블 가득히 아침을 차렸다.

반짝반짝 빛나던 산토리니의 바다를 떠올리면서…

그릭 샐러드

블랙 올리브 3알, 토마토 1/2개, 페타 치즈 1/2팩,
올리브오일, 드라이바질, 허브 잎

1__ 토마토를 반 잘라 먹기 좋게 썰어 접시에
나란히 담는다.
2__ 페타 치즈를 사각, 삼각 두 가지 모양으로
잘라 토마토 앞에 놓는다.
3__ 블랙 올리브를 사이사이에 놓는다.
4__ 올리브오일을 뿌리고, 드라이바질과
허브로 장식한다.

미니 부케 병꽂이

빨간색 라넌큘러스 1단

1__ 라넌큘러스를 꽃병 높이의 1.5배 길이로 줄기를 자른다.

2__ 첫 번째 꽃을 왼손으로 잡고, 두 번째 꽃을 15도 각도로
　　 왼쪽으로 기울게 올린다.

3__ 세 번째 꽃도 두 번째 위에 계속 쌓아 잡는다.

4__ 계속 한쪽 방향으로 돌려가며 꽃을 추가한다.

5__ 다 모아 잡은 후 테이프로 고정시켜 꽃병에 꽂는다.

Red

그리운 하와이
프렌치 토스트

여자 친구들 셋이 하와이로 여행을 갔다. 우리 셋 중 한 명이 하와이에 별장이 있어서, 우리도 덩달아 혜택을 누리는 행운을 잡은 것이다. 2년 전에 처음 다녀오고 나서 이번이 두 번째 여행이기 때문에 한결 마음의 여유가 생겼다. 지난 여행에서 기본적인 여행 코스들은 이미 둘러봤기 때문에 이번 여행의 컨셉트는 '현지인처럼 살아보기'로 정했다. 마트에서 장을 봐서 음식도 만들어 먹고, 이웃을 초대해 파티도 열고, 세일하는 백화점에 가서 대박 쇼핑도 하고, 서점도 가고, 공연도 보고, 일요일엔 교회에 가서 예배를 보기도 했다. 한국에서와 크게 다르지 않은 일상인데 어찌나 달콤하던지 일주일이 순식간에 지나갔다.

우리가 갔던 그때는 마침 미국의 독립기념일이 끼어 있어서 밤에 불꽃놀이가 벌어졌다. 지역 주민들이 모두 바닷가로 나와 하늘을 수놓는 화려한 불꽃놀이도 감상하고 폭죽도 가져와서 직접 불꽃놀이도 한다고 했다. 우리도 저녁을 먹고 폭죽 몇 개를 준비해 바닷가로 내려가는데 가로등도 없어서 그야말로 칠흑같이 어두운 밤이었다. 휴대폰을 켜서 전등 삼아 내려가다가 잠깐 밤하늘을 올려다보니 별이 설탕을 뿌려놓은 듯 예뻤다. 휴대폰을 꺼보았다. 와, 정말 많은 별들이 반짝이는구나… 별들의 색깔까지 느껴질 정도였다. 까만 어둠이 내려앉은 바닷가를 걷고 또 걷게 만들었던 마우이의 별. 불꽃놀이보다 그날 밤 보았던 별이 더 오래오래 마음에 남았다.

하와이는 날씨가 환상적이다. 하루 종일 놀기 좋은 맑은 날씨이고, 밤에 잘 때는 시원하게 비가 내린다. 일어날 때 내 방 창문에 걸린 무지개를 보는 건 행운이 아닌 일상이었다. 도시처럼 모든 것이 갖춰져 있으나 이곳 사람들은 휴양지 마인드로 살아간다. 그렇게 즐거운 날들이 하와이의 꽃들처럼 향기로

웠다.

매일이 파티였지만 집 밥을 오래 먹으면 나가서 먹고 싶은 법. 우리는 집 근처 골프하우스가 전망도 좋고 브런치도 맛있다는 이야기를 듣고 플랜테이션 골프장으로 아침을 먹으러 갔다. 그곳에서 주문한 프렌치 토스트는 그야말로 환상적이었다. 빵 반 딸기 반에, 메이플 시럽도 큼지막한 소스팟에 가득 담겨 나왔다. 정말 먹음직스럽고 푸짐한 토스트였다.

우리는 2년 후에 또 뭉치기로 했다. 그때까지 어떻게 기다리나… 항상 그곳이 그립다. 달콤한 바람, 수많은 별, 매일 만나던 무지개, 파티 같던 일상…

프렌치 토스트

식빵 2장, 달걀 1개, 딸기 10개, 우유 1T,
메이플 시럽 1컵, 식용유, 분당

1__ 토스트한 식빵을 대각선으로 자른다.
2__ 달걀을 풀고 우유를 넣어 섞는다.
3__ 달걀물에 식빵을 적신 다음 식용유를
   두른 팬에 앞뒤로 굽는다.
4__ 딸기를 먹기 좋게 잘라서 식빵과 함께
   곁들인다.
5__ 메이플 시럽을 시럽 잔에 넣어 함께
   접시에 올린다.
6__ 분당을 뿌려 장식한다.

장미 가득 병꽂이

여러 색이 섞인 장미 한 단, 러스카스

1__ 장미를 화기 높이의 2배로 자른다. 잎은 위쪽 몇 개만
　　 남기고 제거한다.
2__ 대각선으로 서로 X자로 교차해가며 동그랗게 꽂는다.
3__ 가장자리일수록 각도가 낮게, 정중앙은 90도로 꽂는다.
4__ 같은 색 장미가 나란히 옆에 있지 않도록 색의 배합에
　　 신경 쓴다.
5__ 사이사이에 러스카스를 꽂아 자연스러운
　　 셰이프를 만든다.

블로그 이웃들과 함께
프랑스 시골풍의 닭요리

블로그 이웃들과 함께
프랑스 시골풍의 닭요리

블로그에 가끔씩 내 일상을 올린다. 아침에 일어나서 카푸치노 한 잔 마신 일도 올리고, 비 오는 날 하루 종일 카페에서 책을 읽은 일도 올린다. 여행을 다녀온 후엔 인상적이었던 여정을 올리고, 파티를 했던 날엔 테이블 세팅 사진을 올리기도 한다. 그렇게 나의 특별했던 날, 좋았던 날, 평범했던 날을 기록하고, 나와 취향이 비슷한 블로그 이웃들과 일상의 소소함을 나눈다. 블로거 생활을 오래 하다보니, 온라인뿐만 아니라 오프라인 친구도 생겼다. 나처럼 꽃을 좋아하고, 요리를 좋아하고, 여행을 좋아하는 친구들. 우리는 날씨 좋은 날엔 가끔씩 만나 괜찮은 브런치 카페를 가기도 하고, 일 년에 한두 번은 서로의 집에서 파티를 열기도 한다. 꽃을 하는 친구들과는 함께 모여 센터피스를 만들기도 한다.

오늘은 우리 집에서 파티를 하는 날이다. 닭을 프라이팬에 초벌구이 해서 기름을 빼고, 토마토 소스에 담궈 오븐에서 한 시간 정도 익히는 프랑스 시골풍의 닭요리를 메인으로 정했다.

닭을 오븐에 넣고 기다리는 동안 센터피스를 만들기로 했다. 꽃볼을 두 개 만들어 하나는 샹들리에에 매달고, 하나는 캔들 스탠드에 올려 세팅할 예정이다. 사과 주스에 청포도를 섞어 민든 그레이프애플 주스를 웰컴 음료로 먼저 서빙하고 게스트들에게 꽃을 나누어주었다. 간단하게 만드는 법을 설명해주니 하하, 호호 즐겁게 꽃볼을 만든다. 어떤 친구는 진한 초콜릿 케이크에 어울리게 딸기를 예쁘게 자르는 법을 나에게 가르쳐주었다. 서로 가르쳐주고 배우는 이런 파티는 또 다른 즐거움을 준다. 체크무늬 테이블클로스와 빨갛고 파란 접시들, 따끈한 닭요리, 귀여운 꽃볼, 까르르 보석처럼 굴러다니던 우리들의 웃음소리… 또 하나의 추억을 쌓았다.

프랑스 시골풍의 닭요리

닭다리 4개, 양파 1/2개, 마늘 3개, 토마토 1개, 초록 피망 1/2개,

빨간 파프리카 1/2개, 토마토 페이스트 1T, 드라이바질 1t, 화이트와인 2T

1__ 양파, 마늘은 다지고, 피망, 파프리카는 5cm 정도로 굵게 썬다.

2__ 토마토는 뜨거운 물에 데쳐 껍질을 제거하고, 씨도 빼낸 후 잘게 다진다.

3__ 양파, 마늘 다진 것을 올리브오일에 볶다가 토마토 페이스트를 넣어
　　볶고, 다진 토마토, 화이트와인, 바질을 넣어 끓이다가 되직해질 때까지
　　졸인 후 소금으로 간한다.

4__ 닭다리에 칼집을 넣은 후 올리브오일을 두른 팬에 지져
　　초벌구이 한 후, 여분의 기름을 제거한다.

5__ 오븐 용기에 3의 토마토 소스를 넣고 닭다리를 올린 후,
　　쿠킹 호일로 덮고 200도 오븐에 50분 정도 익힌다.

꽃볼(red roses pomander)

빨간 장미 3단, 자주색 패랭이 한 단, 여러 색이 섞인
백일홍 2단, 플로랄 폼, 지철사 18호 1개

1__ 물을 먹인 플로랄 폼을 테니스 공 크기로
동그랗게 깎는다.
2__ 두꺼운 18호 철사를 U자로 구부려 중앙을
관통해 꽂는다. 위쪽엔 리본을 걸 수 있는
고리가 생기고, 아래쪽에는 철사 두 개가
나온다. 이 철사 두 개는 다시 U자로
구부려 구멍에 짧게 자른 장미 가지를 끼워
철사가 빠지지 않게 고정시킨다.
3__ 리본을 묶어서 건조대 같은 곳에 플로랄 폼
볼을 매단다.
4__ 장미를 짧게 잘라 줄기는 안 보이고 꽃만
보이게 바짝 꽂는다. 꽂는 순서는 동서남북
위아래 여섯 포인트를 먼저 꽂아준 후,
사이사이를 메워나간다. 볼의 중심점을
향해 꽂는다는 규칙을 지켜야 가지끼리
서로 엉기지 않고 많은 꽃을 꽂을 수 있다.
5__ 장미 사이의 빈 공간에 패랭이를 꽂아 메운다.

**메인 볼꽃이보다 작은 크기의 백일홍 볼꽃이도
같은 방식으로 만든다.**

Red

우리 집에 놀러 와
참치 타다키와 오차즈케

방송작가로 일하면서 정말 바쁠 때 친해진 프로듀서 두 명과 나, 우리 셋은 영어 회화 스터디를 함께했었다. 공부도 공부지만, 무언가 현실과 거리를 두고 숨 돌릴 시간이 필요했던 것 같다. 선생님도 한 분 초빙해서 일주일에 한 번씩 내 작업실에서 모임을 가졌는데, 항상 수업의 시작은 지난주 일기를 영어로 써오는 것이었다. 세월이 흘러 잠시 일을 쉬고 있는 나는 한결 여유로워졌지만, 그때 영어공부를 함께하던 친구들은 여전히 바쁘다.

어느 날 그중 한 프로듀서에게서 전화가 왔다. 정신없이 바빠서 잠시 사무실 밖 벤치에 앉아 멍하니 하늘을 보는데 갑자기 내 생각이 났다는 것이다. 그녀는 "요즘도 그렇게 재미있게 살아요?" 하고 물었다. 그때 내 영어일기를 보면 사는 모습이 참 즐거워 보였다며, 지금도 가끔 내 생각을 하면 미소가 지어진다고 했다. 요즘은 내 블로그를 보면서 요리하고 꽃을 꽂는 모습을 지켜본다고 했다. 자기가 요리를 잘하는 건 어려우니 대신 요리를 잘하는 사람과 친하게 지내는 게 좋겠다는 생각을 했다며 계속 친하게 지내자고 했다. 농담처럼 건넨 말이었을 텐데, 난 그 말이 참 따뜻했다.

즐거웠던 싱글 시절을 함께했던 친구, 내 삶을 조용히 지지해주는 이 친구에게 예쁜 식탁을 차려주고 싶다. 영어공부 모임 멤버들을 모두 불러볼까? 다시 한 번 영어일기를 써오기로 할까? 그건 싫어하겠지? 〈심야식당〉 DVD를 함께 보는 건 어떨까? 드라마 속 요리를 직접 만들어주면 재미있어할 것이다. 〈심야식당〉에 등장하는 오차즈케와 친구들이 좋아할 것 같은 참치 타다키를 만들고, 센터피스는 꽃으로 만든 조각 케이크가 예쁠 것 같다. 파티가 끝나면 포장해서 친구들에게 선물로 줘야지. 그때처럼 재미있고, 편안하고, 휴식이 되는 시간을 함께하고 싶다. 친구야, 우리 집에 놀러 와.

참치 타다끼

직사각형 냉동 참치 한 덩이, 양파 1개, 무순 조금, 와사비,

마늘 1개, 생강 1조각, 포도씨오일 1T, 간장 1T, 식초 1/2T,

맛술 1t, 설탕 1t, 참기름 1t

1__ 냉동 참치를 연한 소금물에 5분 정도만 해동시킨 후 물기를 닦는다.

2__ 팬에 오일을 조금 두르고 살짝 구워 앞뒤옆, 위아래의 겉면만 익힌다.

3__ 찬물에 헹군 후 물기를 닦고 랩으로 싸 냉동실에 넣는다.
　　 약간 얼려야 나중에 잘 썰린다.

4__ 양파를 채 썰어서 물에 담근다.

5__ 양파, 마늘, 생강을 먼저 갈고, 포도씨오일, 간장, 식초, 맛술, 설탕,
　　 참기름을 추가해 더 갈아준다.

6__ 접시에 양파 채를 먼저 깔고 먹기 좋은 크기로 썬 참치를 나란히
　　 올린 뒤 소스를 가운데에 뿌린다. 와사비를 소스 사이사이에 뿌려주고,
　　 무순으로 장식한다.

오차즈케

밥, 다시마, 연어 후리가케, 녹차, 실파

1__ 밥을 지을 때 다시마를 한 장 넣고 짓는다.
2__ 밥을 그릇에 담고 연어 후리가케를 올린다.
3__ 따뜻한 녹차를 가장자리에 붓는다.
4__ 실파를 송송 썰어 뿌린다.

플라워 케이크 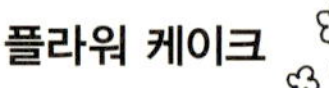

분홍·주황 미니 장미, 자주·흰색 패랭이,
초록·연초록 미니 소국, 플로랄 폼, 비닐, 리본

1__ 플로랄 폼을 조각 케이크 모양으로 자른다.
비닐로 바닥과 옆선을 감싼다.
2__ 리본에 양면 테이프를 붙여 플로랄
폼을 가려준다.
3__ 얼굴이 작고 줄기가 가는 꽃들을 여러
색깔로 준비해 직각으로 꽂는다.
4__ 꽂는 순서는 가운데 쪽에서 가장자리로,
큰 꽃에서 작은 꽃으로 꽂아나간다.
5__ 큰 꽃, 작은 꽃, 색깔이 서로 많이 다른
꽃들이 섞여 있어야 더 화려하다.

Thank you!

우리 둘의 크리스마스 파티

칠리 새우와 고추잡채

결혼 후에 크리스마스이브 파티는 늘 남편과 둘이 소박하게 하고 있다. 예전에는 친구들도 여럿 불러서 신나고 요란하게 보냈는데 결혼 후에는 많이 변했다. 크리스마스에 외식을 하려면 예약도 힘들고 길도 많이 막히니 집에서 조용히 보내자는 취지로 시작되었는데, 어느새 우리 둘만의 파티가 자연스러워졌다. 처음에는 너무 차분하게 보내는 것 같아서 친구들이 파티한 얘기를 들으면 부럽기도 했는데, 이제는 우리 둘의 조용한 파티가 은근히 자랑스럽기도 하다.

올해는 어떤 요리를 할까 고민하다가 따뜻하고 달콤한 요리가 좋겠다는 생각이 들었다. 메인요리를 칠리 새우로 결정하고, 함께 먹을 고추잡채와 꽃빵, 사이드 디시로 쌉싸래한 비타민 볶음까지 메뉴에 넣었다.

크리스마스 접시는 한번 사두면 유행에 상관없이 매년 쓸 수 있어 날씨가 추워지기 시작하면 슬며시 웃음이 나온다. '이 예쁘고 귀여운 접시를 드디어 꺼낼 때가 되었군' 하는 생각이 들어서.

빨간색, 초록색 꽃이 예쁜 크리스마스 센터피스를 만들고, 요리하기 전에 그릇도 미리 꺼내 테이블 세팅을 마쳐놓았다. 중국요리는 뜨거울 때 바로 먹어야 맛있기 때문에 음식이 완성되면 즉시 테이블로 옮길 수 있도록 했다. 반찬인 비타민 볶음을 먼저 내고, 잠시 후 따뜻한 꽃빵과 고추잡채를 내왔다. 마지막으로 뜨겁게 튀겨낸 칠리 새우를 접시에 담았다. 집에서 만든 중국요리는 많이 먹어도 느끼하지 않고 끝까지 맛있어서 좋다.

따뜻한 보이차를 마시며 서로의 크리스마스 선물을 고르기 위해 노트북을 켰다. 남편은 정장에도 잘 어울리는 출퇴근용 배낭을, 나는 폭신폭신한 실내화를 선물로 골랐다. '이거, 내가 엄청 손해인걸…'

내일 아침 크리스마스트리에 진짜 내 선물이 또 있기를 바라며, 안드레아 보첼리의 토스카나 라이브 콘서트 실황을 스크린으로 감상했다.

직접 현장에서 보는 공연도 좋겠지만, 편안한 소파에 앉아 디저트를 먹으며 잘 만들어진 공연을 큰 영상으로 보는 것도 꽤 괜찮다. 이렇게 좋은 자리의 티켓을 구하기도 힘들고, 무엇보다 교통체증이 없어서 좋다. 무대는 토스카나 지역의 선셋을 배경으로 시작하더니, 늦은 밤에는 멋진 조명을 비춰 야외무대가 더욱 근사했다. 요리하느라 피곤했나? 공연을 보다 나도 모르게 스르르 잠이 들었다.

롱앤로 센터피스

빨강·주황·분홍 미니 장미, 자주·초록 미니 국화, 라넌큘러스,
자주 패랭이, 러스카스

1__ 플로랄 폼이 세팅되어 있는 직사각 화기에 꽃 얼굴만
   살짝 올라올 정도로 짧게 줄기를 잘라가며 꽂는다.
2__ 같은 색, 같은 종류의 꽃들을 세 송이씩, 네 송이씩
   모아서 꽂는다. 가운데를 먼저 꽂고, 양옆과 앞뒤 순서로
   꽂는다. 바닥에 가까운 꽃들은 좀 더 낮게 꽂아야 전체
   라인이 자연스러운 롱앤로 셰이프가 된다.
3__ 여러 종류의 꽃을 함께 꽂을 경우, 같은 색끼리 모아
   꽂는 그루핑 방법이 산만하지 않으면서도 화려한
   색감을 보여준다. 큰 꽃은 낮게, 작은 꽃은 조금 높게
   꽂는다. 색이 여러 가지일 경우에 진한 색은 좀 더
   높이를 낮게 꽂아주면 안정감이 있다.
4__ 초록색 잎과 아직 피지 않은 작은 봉오리의 꽃들을
   그루핑한 꽃들 사이사이에 꽂아 완성한다.

칠리 새우

새우 200g, 양파 1/4개, 홍고추 1개, 완두콩, 실파 적당량, 녹말 1T,
달걀흰자 1개, 생강 1쪽, 소스(두반장 1t, 케첩 2T, 핫소스 1t,
청주 2T, 물 2T, 물녹말 1T, 후추 적당량)

1__ 새우는 등 쪽 내장과 껍질을 제거한 후 후추를 뿌리고
청주에 재워둔다.
2__ 새우의 물기를 닦고 녹말과 달걀흰자를 섞은 반죽을 묻혀
180도에서 기름에 기포가 안 올라올 때까지 튀긴다.
3__ 식용유를 두른 팬에 다진 생강과 양파를 볶다가 두반장, 케첩,
핫소스, 물을 넣고 끓인 후 삶아낸 완두콩을 넣는다.
물녹말을 넣어 걸쭉하게 만든다.
4__ 한 번 더 새우를 튀긴 후 3의 소스를 넣고 송송 썬 실파로
장식한다.

고추잡채

피망 1/2개, 노랑·주황 파프리카 1/2개씩,
양파 1/4개, 돼지고기 50g, 파 10g, 마늘,
생강 1쪽씩, 녹말 1T, 청주, 간장, 굴소스,
후추, 참기름 적당량

1__ 돼지고기는 채 썰어 간장, 청주, 후추로
밑간한 후 녹말을 넣어 버무린다.
2__ 뜨거운 팬에 식용유를 두르고 마늘과
생강을 넣고 볶다가 간장, 청주로 향을
낸 후, 돼지고기를 넣어 볶는다.
3__ 채 썬 피망, 파프리카, 양파를 넣고
조금 더 볶아준다.
4__ 굴소스, 소금, 후추로 간하고, 참기름을
넣어 마무리한다.

비타민 볶음

비타민 200g, 마늘 2쪽, 소금, 후추,
물녹말 1/2T

1__ 비타민을 살짝 데쳐 찬물에 헹군 후
물기를 걷는다.
2__ 식용유를 두른 팬에 다진 마늘을 넣어
볶다가, 비타민을 넣어 재빨리 볶고
소금, 후추로 간하고 물녹말을 넣어
마무리한다.

미술관 리셉션 ● 파주시 헤이리에 있는 미술관에서 리셉션이 있었다. 친구가 준비하는 첫 케이터링 파티라서 뭔가 도움이 되고 싶어 센터피스를 선물했다. 주황빛 작은 꽃들을 다섯 단 사서 긴 유리 화기에 풍성하게 꽂았더니, 미술관 전체가 환해진 느낌이었다. 손님들은 "이거 생화예요?" 하고 한 번씩 만져보았다.

여름파티 ● 친구들과 함께 준비한 섬머파티 테이블. 플라워 프린트가 강한 테이블클로스를 깔고, 여름 느낌이 강한 꽃과 소재들로 프런트페이싱(뒤쪽은 벽이므로 꽃의 앞과 옆면을 강조해서 꽂는 방법) 웰컴플라워를 만들었다. 메론, 파인애플 등 열대과일도 자연스럽게 놓고, 간단한 음식과 음료와 식기를 세팅해놓았다. 여름에는 시원해 보이고 강렬해 보이는 꽃이 예뻐 보인다. 잘 시들지 않는 꽃들로 시원시원하게 꽂는 것이 좋다. 실제로 사시사철 여름인 하와이에 가보면 주로 난이나 이런 꽃들을 이용한 꽃꽂이가 많다.

직선형 꽃바구니 ● 직사각형 나무 박스에 비닐을 넣어 방수가 되게 하고, 플로랄 폼을 넣어 꽃을 꽂았다. 직선형으로 꽂아가는 방식이라 꽃들의 모습이 하나하나 잘 보인다. 마치 집 앞 정원의 꽃들처럼. 위로 쭉쭉 뻗는 모습이 승진 축하 선물로 드리면 좋을 것 같아서, 지인의 승진 축하 바구니로 이 스타일의 꽃바구니를 만들어드린 적이 있다. 빨간색을 메인으로 하고, 노란색과 크림색을 섞었다. 메인과 서브의 비율은 7대 3 정도로 하는 편이다.

동그란 돔세이프 ● 장미, 라넌큘러스, 알스트로메리아, 동백을 이용해 동그란 돔셰이프 센터피스를 만들었다. 꽃을 만들다보면 자기 모습대로 만들기가 쉽다. 키 큰 사람은 키가 크게 꽂고, 동그란 얼굴형인 사람은 꽃 모양도 동그랗다. 그동안 꽃하는 친구들 작품을 보면 거의 맞았다. 시원시원한 성격의 사람은 꽃도 시원하게 꽂고, 아기자기한 사람은 꽃 작품도 아기자기하다. 그렇다면 내 꽃은? 그다지 크지 않고, 동글동글하고 서정적이다.

오리엔탈 난 꽂이 ● 심비디움, 만천홍, 온시디움, 제임스스토리 등 여러 가지 난을 컬러풀하게 꽂았다. 안슈리움도 함께 꽂아 동양적인 느낌이 강했다. 명절이나 함 들어오는 날, 폐백상 또는 퓨전 레스토랑에 장식해도 어울릴 듯하다. 이 꽃을 식탁에 두고 중식을 차려 파티를 했는데 무척 화려하고 아름다운 테이블이 되었다.

레드믹스 리스 ● 꽃을 꽂을 때 제일 먼저 생각하는 건 컬러다. 그다음 어느 정도 컬러를 믹스할 것인가를 정한다. 레드만 할 것인가, 레드에 다른 색을 믹스할 것인가. 이날은 여러 가지 색을 믹스하기로 한 날이었다. 주황, 노랑 등 다른 색도 약간 섞었는데, 이럴 경우 빨간색과 보색인 진한 보라색을 섞어주면 색감이 화려해진다. 진보라색 아네모네가 돋보였던 레드믹스 리스.

보라색은 예쁘지만 옷을 살 땐 피하는 색이에요.

나한테 어울리지 않을까봐서요. 보라색 가방도 예쁘지만 제 가방은

무난한 색이 많아요. 보라색 소파를 사고 싶었지만, 다른 가구들과

어울리지 않을까봐 선택하지 못했죠. 보라색은 화려하지만 소외되는

색인 것 같아요. 그래서 꽃을 살 때는 보라색을 자주 골라 오지요.

눈치 안 보고 마음껏 예쁜 컬러를 감상할 수 있으니까요.

보라색 리시안셔스, 스카비오사, 수국, 튤립, 라벤다,

히야신스… 꽃시장에서는 가장 인기 있는 꽃이

보라색 꽃이랍니다.

겨울 아침 북카페

떡 케이크

겨울 아침 북카페

옆 동에 사는 친구네는 소파를 없애고 거실에 커다란 원목 테이블을 놓았다. 거기서 책도 읽고 파티도 하고 이야기도 나눈다. 눈이 많이 내리던 어느 날, 전화가 왔다. "오늘은 차 가지고 나가면 안 될 것 같아. 하루 종일 우리 집에서 북카페 열 테니까 언제든지 시간 될 때 와, 언니."

트렌디한 잡지와 내가 좋아하는 라이프스타일 책들이 많은 친구네는 가끔 북카페처럼 차 한 잔 마시며 책도 읽고 얘기도 나누는 고마운 공간이다. 음식 냄새보다 커피 냄새가 더 어울리는 곳. 남동향이라 겨울 아침에는 더 따뜻하고 포근한 햇살을 즐길 수 있어 좋다. 그 테이블이 예뻐서 가끔 꽃도 선물했는데, 항상 예상했던 대로 예쁘게 그 공간과 어울렸다. 곱게 찐 백설기를 간식으로 가져가기도 했다. 집에서 직접 만든 백설기는 눈처럼 폭신폭신 부드러운 맛이고 너무 달지도 않아서, 아이들도 잘 먹고 어르신들도 좋아한다. 가끔 지인들에게 선물하는데, 항상 반응이 좋다.

친구네는 '북카페'로, 스크린을 설치한 우리 집은 '시네드셰프'로 부르며 서로의 집을 오갔는데, 어느 날 친구가 우리 집에서 책을 보고 싶다고 했다. 테이블이 아닌 소파에서 편안한 자세로 휴식 같은 독서를 하고 싶다는 것이다.

조용한 음악을 틀어주고 친구가 책을 읽는 동안 나는 냉동실에서 쌀가루를 꺼내 백설기 반죽을 만들어 찜기에 올렸다.

낮게 꽂은 작은 꽃들과 하얗게 김이 올라가는 찜기, 겨울 아침 따뜻한 햇살, 편한 차림의 친구 모습…

그날 아침, 평화가 우리 집 가득히 내려앉아 있었다.

백설기

맵쌀가루 5컵, 찬물 5T, 설탕 1T, 자색고구마 가루 1T

1__ 맵쌀가루에 자색고구마 가루와 물을 넣어
　　손바닥으로 가루를 비벼가며 고루 섞는다.
2__ 체에 두 번 내려 더 부드러운 가루가 되게 한다.
3__ 설탕을 넣고 재빨리 살짝 섞어준다.
4__ 대나무 찜기에 실리콘 시루밑을 깔고 안쪽에
　　기름칠한 모양틀을 넣는다.
5__ 백설기 반죽을 틀 안쪽에 부어 채우고 윗면을
　　고르게 정리한다.
6__ 뜨거운 김이 오른 솥 위에 찜기를 올려 20분간
　　찌고, 불을 끈 후 5분간 뜸들인다.
　　남은 반죽은 작은 모양틀에 넣어 찐다.

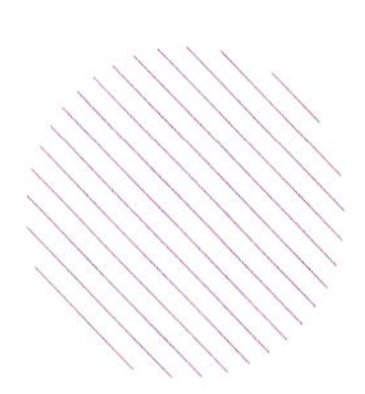

돔셰이프 테이블 데코

보라 공작, 석죽, 옥시, 유칼립투스

1__ 접시 위에 물을 먹인 플로랄 폼을 올려 테이프로 고정시킨다.
2__ 보라 공작, 석죽, 옥시를 꽃 얼굴만 보이도록 동그랗게 꽂는다.
3__ 보라, 흰색, 하늘색을 랜덤으로 자유롭게 꽂는다.
4__ 유칼립투스로 플로랄 폼이 보이는 부분을 가려준다.

주말농장표 스페인 요리

멜 란 자 네

주말농장표 스페인 요리

멜 란 자 네

얼마 전부터 엄마, 아빠와 함께 주말농장을 가꾸고 있다. 주말농장에서 내가 제일 신경 쓰는 건 허브들만 모아놓은 요리정원 공간이다. 바질, 루콜라, 애플민트, 로즈마리를 심어놓았는데 처음 작은 모종을 심을 때만 해도 엄마, 아빠는 매번 이게 뭐라고? 누꼴라? 니꼴라? 하셨는데, 바질이 거의 나무처럼 자란 요즘에는 허브 이름도 척척 잘 부르신다.

"바질 이거는 어디다 쓰는 거니?" 하시는데, 문득 엄마, 아빠께는 외국 요리를 잘 안 해드렸다는 생각이 들었다. 밭에 있는 채소들로도 충분히 만들 수 있겠다 싶어 "엄마, 아빠, 우리 밭에서 수확한 걸로 주말에 스페인 요리 해드릴게요"라고 말했다. 가지와 토마토와 바질을 따고 코스트코에 들러 생모차렐라치즈도 샀다.

스페인 말로 가지라는 뜻의 '멜란자네'는 간단한 요리이기는 하나 소스 만들기가 복잡하다. 두 가지 소스를 만드는 데 시간이 많이 걸리기 때문에 소스만 하루 전에 만들어두면 당일에 요리하기가 편하다. 소스는 선드라이 토마토 페스토 소스와 발사믹 리덕션이다. 먼저 방울토마토를 낮은 온도의 오븐에 오래 구워 홈메이드 선드라이 토마토를 만들고, 거기에 잣과 마늘, 발사믹 식초를 넣어 선드라이 토마토 페스토 소스를 만들었다. 만들기는 힘들어도 시판하는 소스와는 비교할 수 없는 깊은 맛을 내기 때문에 항상 직접 만든다. 발사믹 식초를 오래 끓여 3분의 1로 졸인 발사믹 리덕션도 미리 만들어 두었다.

다음 날, 테이블 세팅을 미리 했다. 가지 색깔의 스톤웨어 그릇들과 보라색 꽃 알륨을 매치시켜 보라색으로 색깔 맞춤을 했다. 알륨을 직선으로 서로 높이만 다르게 세 개 꽂는 알륨 꽂이는 꽃꽂이 중에서 제일 쉽다.

요리가 복잡할 때, 꽃은 쉬운 것으로 선택한다. 이제 요리 시작. 어제 만들어 둔 소스를 꺼내고, 가지를 길이로 얇게 잘라서 팬에 구웠다.

세 개씩 펼쳐놓은 후 토마토와 생모차렐라치즈, 바질을 올리고 다시 가지로 감쌌다. 토마토 소스를 올리고 잣과 바질, 발사믹 리덕션으로 장식해 마무리 했다. 신선하고 깊고 건강한 요리라며 칭찬이 가득했던 주말 오후의 테이블, 금세 뚝딱 만들어내니 쉬운 요리인 줄 알았겠지만, 무려 이틀이나 걸린 요리 였다. 그야말로 정성이 가득 들어가는 멜란자네는 가끔 노동의 즐거움을 누리고 싶을 때 선택하는 요리다.

멜란자네

가지 3개, 생모차렐라치즈 1팩, 바질 한 줌,
토마토 1개, 방울토마토 100g, 마늘 1쪽, 잣 1T,
올리브오일, 발사믹 식초, 소금, 후추

1__ 감자칼로 가지를 길고 얇게 자른 후 잠시
소금을 뿌려 물기를 제거한다.
2__ 뜨거운 팬에 올리브오일을 두르고 가지를
구워놓는다.
3__ 생모차렐라치즈, 토마토는 5mm 두께로
동그랗게 잘라놓는다.
4__ 가지를 3장 엇갈리게 펼쳐놓고(가로 1장,
나머지는 X자로), 가지 위에 토마토, 치즈,
바질 순서로 올리고 다시 가지로 감싼다.
5__ 선드라이 토마토 페스토 소스를 올리고
바질, 잣을 올린다.
6__ 접시 위에 올린 후 발사믹 리덕션을
고루 뿌려 장식한다.

선드라이 토마토 소스

1__ 방울토마토 100g에 올리브오일 2T를
버무린 후, 160도 오븐에서 한 시간
이상 굽는다. 껍질이 쪼글쪼글해지면
완성된 것이다.
2__ 껍질을 제거한 방울토마토 속살을 다지고,
다진 잣, 마늘을 섞어, 발사믹 식초, 소금,
후추를 넣어 간한다.

발사믹 리덕션

1__ 발사믹 식초를 중불에 끓인다.
2__ 1/3로 양이 줄면 불을 끄고 식힌다. 뜨거울
때보다 식었을 때 농도가 더 진해지므로
너무 뻑뻑해지지 않게 주의한다.

알륨 꽂이

알륨, 왁스플라워

1__ 직사각 화기에 플로랄 폼을
세팅한다.
2__ 알륨을 서로 길이를 다르게
해서 직선으로 꽂는다.
3__ 왁스플라워를 꽂아 아래쪽
플로랄 폼을 가려준다.

아침에 와플 굽는 여자

와 플

아침에 와플 굽는 여자

"매일 아침 빵 굽는 여자가 될게. 키친에이드 반죽기 사줘" 하고 조르기를 며칠. 만만치 않은 가격이지만 직접 만든 뜨거운 빵이 얼마나 맛있는지 알고 있는 남편은 결국 반죽기를 사주었다. 그래서 자주 빵을 구웠는데 막상 해보니 매일 빵을 굽는다는 게 보통 힘든 일이 아니었다. 쿠키, 케이크는 마음만 먹으면 금방 완성되지만 빵은 발효까지 해야 하니, 보통 서너 시간이 넘게 걸린다. 처음에는 아침에 빵을 구웠다는 자체로 감동이어서 빵 굽는 냄새도 아주 좋았는데, 자주 해보니 이스트 때문에 냄새도 그다지 좋지 않았다. 오히려 아침에는 와플이나 팬케이크가 달콤한 향이 나서 더 좋았다. 커피 냄새와도 잘 어울리고. 그래서 난 아침에 빵 굽는 여자 대신, 와플 굽는 여자를 선택했다. 발효시켜 만드는 벨기에 식 와플은 곤란하고, 그냥 평범한 와플.

와플에 어느 정도 자신감이 붙었을 때 후배한테 전화가 왔다. 일본 여행에서 맛있는 소스를 선물로 샀는데 전해주고 싶다는 것이다. 우리 집은 바로 카페 모드로 변신하기 시작했다. 음악을 틀고 테이블클로스를 깔고, 리시안셔스 중에 제일 예쁘다고 생각하는 보라색 꽃으로 미니 센터피스도 만들었다.

"요즘 와플 만드는 재미에 빠져 있는데 너도 만들어줄까?" 했더니 "당연하죠. 두 장만 만들어주세요" 하고 간절하게 조르는 후배가 예뻤다. 반죽을 만들어 와플 팬에 굽고, 메이플 시럽을 뿌린 후 생과일을 올렸다. 블루베리 아이스크림도 듬뿍 얹었다.

"이런 음식을 먹을 때는 칼로리 생각하면 안 돼. 맛있게 먹고 당분간 디저트류를 멀리하면 되는 거야. 그럼 살이 하나도 안 찐다고."

후배와 나는 아마도 똑같은 생각을 했던 것 같다. 달콤하고 바삭하고 부드러운 와플을 즐기며 우리는 카페에서 노는 것처럼 오전 시간을 보냈다.

와플

박력분 150g, 달걀 1개, 우유 160ml, 설탕 30g,
버터 20g, 베이킹파우더 5g, 소금 2g, 블루베리,
딸기, 오렌지, 아이스크림, 생크림, 메이플시럽

1__ 달걀을 잘 푼 다음 설탕을 넣고 거품기로
    충분히 젓는다.
2__ 우유, 녹인 버터를 넣고 더 저은 후 밀가루,
    베이킹파우더, 소금을 넣고 고루 섞어준다.
3__ 달궈진 와플 팬에 반죽을 넣어 뚜껑을
    닫고 한쪽에 2~3분씩 뒤집어가며 익힌다.
4__ 와플을 접시에 담고 메이플시럽을 뿌린다.
5__ 블루베리, 딸기, 오렌지, 아이스크림, 생크림을
    와플 위에 올린다.

리시안셔스 미니 센터피스

진보라 · 연보라 리시안셔스, 유칼립투스

1__ 진보라, 연보라 리시안셔스 몇 송이와
유칼립투스를 모아서 테이프로 고정시킨다.
2__ 불투명한 비닐을 꽃 길이에 맞추어
직사각형으로 두 장 잘라, 서로 엇갈리게
잡아가며 꽃 포장을 한다.
3__ 연보라색 리본으로 포장지를 묶고
물컵에 꽂는다.

Purple

우리 가족이 된 걸 환영해요

구절판

막내 여동생의 남자친구가 우리 집 사위가 되기 위해 함을 가지고 온다고 한다. 우리 집 사위들은 전통적으로 함을 혼자 조용히 들고 왔다. 대신 환영 음식은 그야말로 잔칫상을 차렸다. 그동안 엄마가 혼자 애쓰시고 난 옆에서 돕기만 했는데, 이번에는 한정식 스타일로 모두 내가 만들어주고 싶었다. 오랜 시간 투자했던 꽃과 요리 공부를 마치고 마침 홀가분한 시점이어서 동생은 행복하게 내 선물을 받을 수 있었다. 야외 촬영과 결혼식 날 부케와 여러 가지 꽃 장식을 해주고, 함이 들어오는 날에는 솜씨를 발휘해 한정식을 직접 차렸다.

여러 가지 음식들 중에서 손이 제일 많이 가는 구절판은 아침 일찍 밀전병을 부쳐놓고, 속재료도 채 썰어놓았다. 구절판을 미리 준비하니, 마음이 여유롭다. 다른 음식들도 반 조리 상태로 준비해놓고, 식탁보를 깔고 꽃을 놓았다. 음식 종류가 많으니 꽃은 너무 크지 않으면서 단아하면 좋을 것 같았다. 아네모네는 동양적인 느낌이 나서 한식을 차릴 때 가끔 이용한다. 한 단 안에 여러 색이 섞여 있는 경우가 많아서 여러 꽃을 살 필요도 없이 아네모네만 한 단 있어도 좋다.

테이블에 꽃과 개인접시와 물컵을 세팅해놓고 잠시 후 차려질 음식들을 상상해보는 시간은 내가 가장 사랑하는 순간이다. 잠시 흐뭇한 미소를 지은 후, 요리를 시작했다. 새콤달콤한 오이선과 몇 가지 전, 채끝살 수삼 샐러드, 잡채, 갈비찜, 화전까지 시간을 맞추어 내오자 가족들이 손뼉을 치며 신기해했다. 가족들이 좋아하는 모습을 보니 그동안 꽃과 요리를 배우느라 받았던 스트레스가 한꺼번에 사라지는 것 같았다. 내 요리와 꽃으로 좋은 날이 더 좋은 날이 되었다는 기쁨에 피곤한 줄도 몰랐다.

설거지는 언니와 동생들이 하고 나는 셰프로 격상되어 우아하게 동생이 받은 패물을 구경했다. 이제는 가족 성원이 많아져 행사가 있는 날에는 주로 외식을 하지만, 가끔은 가족 모임에서 요리를 한다. 중식도 만들고, 일식도 만들고, 소소한 디저트들도 만든다. 내 요리가 가장 맛있는 공간은, 역시 가족들이 모인 테이블이다.

구절판(칠절판)

밀가루 8T, 자색고구마 가루 1T, 달걀 3개, 소고기 70g, 오이 1개, 당근 1/2개, 표고버섯 3개, 겨자장(설탕 1t, 식초 1t, 겨자 1t, 배 1/4개)

밀전병

1__ 밀가루에 자색고구마 가루를 섞고 같은 양의 물을 넣어 묽은 반죽을 만든다.
2__ 팬을 약불로 하고, 키친타월에 기름을 묻혀 살짝 닦아내듯이 기름을 묻힌다.
3__ 한 스푼씩 밀전병을 동그랗게 부쳐낸다.

칠절판

1__ 고기는 결대로 썰고, 표고버섯은 채 썰어 간장, 설탕, 후추로 밑간한다.
2__ 달걀은 흰자, 노른자를 나누어 지단을 부친 후 채 썬다.
3__ 오이는 껍질만 돌려깎기 해서 채 썬 후 소금에 살짝 절였다가 물기를 제거한 후 볶는다.
4__ 당근은 채 썰어 볶는다.
5__ 밀전병을 담고 꽃 모양으로 자른 배를 장식으로 올린다.
6__ 각각의 재료를 색을 맞추어 담는다.
7__ 겨자, 식초, 설탕, 배즙을 같은 양으로 섞어 겨자장을 만든다.

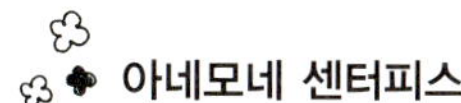

♣ 아네모네 센터피스

아네모네

1__ 아네모네를 화기 높이보다 약간만
　　높게 자른다.
2__ 동그랗게 모아 쥐고 플로랄 테이프로
　　묶어 고정시킨다.
3__ 아네모네 묶음을 화기에 담고
　　물을 넣는다.

완벽한 이웃을 만나는 법

안심 스테이크

완벽한 이웃을 만나는 법

안심 스테이크

런던에서 꽃을 배우던 시절, 친한 언니한테 전화가 왔다. "가까운 시골에서 생일파티가 있는데 같이 갈래? 바비큐 한대." 그즈음 고기도 먹고 싶고 영국의 시골도 구경하고 싶던 차에 정말 완벽한 제의였다. 기차를 타고 한 시간쯤 지나니 조용하고 아름다운 시골마을이 나타났다. 역에서 내려 조금 걸어가자 풍선이 매달려 있는 집이 보였다. 이미 정원의 파라솔 아래에는 많은 손님들이 모여 파티를 즐기고 있었다. 생일의 주인공은 곧 결혼을 앞둔 이집의 아들이었는데, 친구들은 물론 온 가족과 이웃 어르신들, 동네 아이들까지 정말 다양한 연령대의 게스트가 모여 있었다.

드라마 〈길모어걸즈〉 같은 마을이 실제로 존재하는구나 싶어 재미있기도 하고 부럽기도 했다. 짧은 영어로 간단히 내 소개를 하고 잠시 이야기를 나누다가 뷔페 테이블로 갔다. 딸기, 치즈, 케이크, 꽃 등 내가 좋아하는 모든 것이 다 있었다. 흐뭇한 마음으로 식사를 하면서 옆집에 사는 젊은 주부와 이야기를 나누었는데, 마침 나와 관심사가 비슷했다. 그녀가 정원을 구경시켜준다고 하기에 따라나섰다. 자그마한 잔디밭도 예쁘고, 꽃나무들도 많았다. 미니 비닐하우스 안에는 허브도 가득했다. 아이들은 맨발로 잔디밭을 뒹굴며 놀았다. 그날은 나의 로망을 미리 체험한 날이었다. 그날의 평화가, 천천히 가던 시간이 오랫동안 잊혀지지 않았다.

올해는 내 생일이 있는 주에 남편이 일주일 출장을 갔다. 혼자 생일을 보내기가 싫어서 어렸을 때처럼 친구들을 집으로 초대해 생일파티를 하고 싶어졌다. 생각해보니, 늘 다른 사람의 생일은 근사하게 차리면서 내 생일파티는 제대로 해본 적이 없었다. 집에서의 생일파티, 갑자기 든 생각이라 친구들한테 전화하기가 멋쩍어서, 같은 아파트에 사는 이웃들을 부르기로 했다. 오늘 저녁에 편하게 밥 먹으러 오라고 전화를 돌리고, 꽃과 음식을 준비했다. 보라색 델피늄을 한 단 사서 병에 꽂으니 정원이 있는 집처럼 예뻤다.

샐러드 야채를 씻어서 냉장고에 넣어두고 소스를 만들고, 스테이크에 쓸 양파를 채 썰어 와인에 담가두었다. 이웃친구들과 남편들까지 모두 우리 집에 모였다. 오랜만에 북적거리며 함께 음식도 먹고 얘기도 나누고 마치 콘도에 놀러 온 것처럼 왁자지껄하게 보냈다. 바비큐에 파라솔은 없었지만 충분히 행복했던 생일파티였다. 와주셔서 감사했어요, 나의 완벽한 이웃님들.

안심 스테이크

소고기 안심 160g 2개, 양파 1/2개, 가지 1/2개, 토마토 1/2개, 새송이버섯 1개, 아스파라거스 4개, 레드와인 1컵, 발사믹 식초 1T, 버터 1T, 소금, 후추 약간

1__ 양파는 채 썰어 레드와인에 한 시간 이상 담가둔다.
2__ 양파를 건져내 버터를 두른 팬에 약불로 오래 볶아 나른해지게 만들어 가니시로 쓴다.
3__ 레드와인은 1/3로 졸인다.
4__ 가지, 토마토, 버섯, 아스파라거스 등 채소를 기름을 살짝 두른 그릴 팬에 굽는다.
5__ 안심은 키친타월로 싸두어 핏물을 제거하고, 방망이로 두드려 부드럽게 한다.
6__ 뜨겁게 달구어진 팬에 안심을 넣고 위쪽에 핏물이 올라오면 뒤집어 약불로 줄인다.
     1~2분 정도 취향에 따라 익힌 후 소금, 후추를 살짝 뿌려 접시에 담아 휴지기를 가진다.
7__ 고기를 구운 팬에 졸인 와인과 발사믹 식초를 넣고 조금 더 끓인 후 찬 버터를 넣고
     소금, 후추로 간한다.
8__ 따뜻하게 데워둔 완성 접시에 스테이크를 담고 소스를 뿌린 뒤 양파 볶은 것을
     올리고 구운 채소를 가니시로 장식한다.

그린 샐러드

샐러드 채소, 파르마산 치즈,
올리브오일, 레몬즙, 꿀, 소금, 후추, 발사믹 리덕션

1__ 여러 종류의 채소를 나란히 쌓는다.
2__ 맨 위에 파르마산 치즈를 얇게 잘라 올린다.
3__ 올리브오일에 레몬즙, 꿀, 소금,
후추를 넣어 만든 소스를 뿌린다.
4__ 발사믹 리덕션(166쪽 참조)을 뿌려 장식한다.

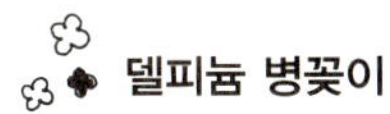

델피늄 병꽂이

보라색 델피늄

1__ 보라색 델피늄을 화기 길이에 맞게 줄기를 자른다.

2__ 물속에 잠기는 꽃과 잎은 잘라낸다.

3__ 나란히 모아 쥐고 한꺼번에 화기에 꽂는다.

Purple

런치박스 선물세트

어렸을 때 제일 좋았던 건 손님이 들고 오신 종합 선물세트였다. 나는 진심으로 그 박스가 좋았다. 상자 안 가득 들어 있던 사브레를 비롯한 과자들, 버터 맛 스카치 캔디, 영양갱. 주머니가 미어지게 불룩불룩 사탕을 넣어가지고 다니며 행복해했다. 지금도 그때의 기억이 남아 있는지 나는 뭔가 여러 가지를 박스나 바구니에 가득 넣어 선물하는 걸 좋아한다. 고마웠던 분에게 선물할 때는 피크닉 바구니에 델리숍에 있는 여러 가지 소스, 치즈, 올리브, 잼 같은 걸 가득 넣어 선물하고, 친구들에게는 도시락을 싸고 음료와 과자, 냅킨까지 넣은 런치박스를 주기도 한다. 받는 사람은 좋아했을까? 사람들은 주로 상대방보다는 자기가 받고 싶은 것을 선물하는 경우가 많다는데, 나는 정말로 그런 것 같다. 난 이런 선물이 진짜 받고 싶다고요!

겨울 파스텔 로즈볼 꽃이 ● 파스텔 색은 봄에만 어울린다고 생각했는데, 연한 보라색과 하늘색으로 조합한 파스텔 톤 병꽃이가 반짝이를 뿌린 은색 열매 브루니아 때문에 겨울에 어울리는 꽃꽂이로 변했다. 크리스마스트리가 걷힌 1월의 겨울, 아직은 반짝반짝 겨울의 낭만을 즐기고 싶어 만들었던 로즈볼 꽃이.

보라색 부케 ● 부케는 신부의 얼굴보다 조금만 크게 만들면 보기가 좋다. 너무 커도 보기에 좋지 않다. 거울을 보며 계속 크기를 확인하면서 만들었다. 각자의 얼굴 크기를 가늠해볼 수 있었던 보라색 부케들. 하늘색 수국, 연보라·진보라 리시안셔스, 크림색 장미가 로맨틱한 컬러 조합을 이루었다. 부케를 만들 때면 항상 설렌다. 결혼하던 그때처럼.

여름 꽃다발 ● 여름에는 시원한 색감의 꽃
다발이 예쁘다. 여름이 제철인 리시안셔스와
수국, 후룩스를 사랄과 호엽란을 섞어 파란
포장지에 시원하게 포장했다.

스카비오사 ● 때로는 꽃 한두 송이만으로
도 완벽한 꽃꽂이가 완성될 때가 있다. 긴 실
린더 화기에 스카비오사 두 대만 키를 달리
하여 꽂았는데, 그 모습에 반했었다.

리시안셔스 병꽂이 ● 꽃시장에서 제일 먼저 품절되는 꽃이 바로 진보라색 리시안셔스다. 이 꽃은 그냥 리시안셔스만 꽂아도 예쁘고, 다른 꽃과 믹스해서 꽂아도 고급스럽다. 오래 가고, 나중에 시들 때도 보기 좋게 시든다. 가지는 가늘면서도 단단해 플로랄 폼에 꽂을 때 수월하다. 큰 꽃과 작은 꽃이 함께 있어 다양한 어레인지가 가능하다. 봉오리는 연두색이라 소재를 따로 사지 않아도 두 가지 톤 컬러 표현이 가능하다.

연보라색 부케 ● 꽃시장에 가면 마음에 둔 컬러의 꽃이 항상 다 있는 것은 아니다. 이 때문에 결혼식 부케 같은 중요한 꽃은 일주일 전에 미리 예약을 해서 받는 것이 안전하다. 특히 연보라색 수국이나 히야신스 같은 경우 예약은 필수다. 청순하고 신비로운 연보라색 부케…

Black & White

결혼식 부케는 흰색이 제일 예쁜 것 같아요.

테이블클로스를 하나만 사야 한다면 흰색을 추천해요.

케이크 중에 제일 맛있는 케이크는 하얀 생크림 시폰 케이크랍니다.

눈이 펑펑 오는 날 마시는 코코아처럼 달콤한 건 없을 거예요.

물론 모든 그릇은 화이트가 기본이고요. 아직 아무것도 쓰지 않은

노트와 아직 아무 일도 실수하지 않은 새해 첫날을 좋아해요.

밤새 내려 쌓인 흰 눈 위를 아침에 제일 먼저 걷는 날은

두근두근 테이블을 차리지요.

기내식 놀이
오니기리

내 안의 내가 잘 안 보일 때면 여행을 떠났다. 비행기 안에서 밤과 아침을 보내고 기내식을 먹을 수 있는 긴 여행이면 더 좋았다. 예전에는 그렇게 훌쩍 떠났는데, 결혼 후에는 아무래도 쉽지 않았다. 여행을 오랫동안 못하면 비행기 안에서 먹을 때는 그다지 좋아하지 않던 기내식마저 그리워지기 시작한다. 시간은 여의치 않고 여행에 대한 마음은 커져만 가던 어느 날 갑자기 든 생각, 기내식 놀이를 해보자!

우리 집은 22층이라 밤에 야경이 볼 만하다. 그래서 창가에 바 테이블을 놓았는데, 창밖으로 자동차 불빛이 오색선을 긋기 시작하면 그곳에 앉아 차를 마시고 가끔 식사도 한다. 오늘은 모형 비행기를 꺼내 올려보았다. 실제 비행기와 똑같이 만든 것이라 사진을 찍으니 정말 야간 비행을 하는 것처럼 보였다.

플라스틱 투명 잔에 음료를 종류별로 따르고 한 트레이에 담았다.

퇴근한 남편에게 물, 오렌지 주스, 토마토 주스 중에 웰컴 음료를 고르게 했다. 그는 재밌어하며 물을 고른다. 나는 오렌지 주스를 마셨다.

짭짤한 땅콩을 간식으로 먹으며 남편은 게임기를 켜고 게임을 했다. 저녁 식사는 오니기리와 미소시루가 서빙되는 일식 기내식으로 만들었다. 뜨거운 밥에 내용물을 넣고 소금물을 손에 묻혀 밥이 따뜻할 때 꼭 쥔 다음 조금씩 매만져 삼각형 모양의 오니기리를 만들었다. 하나는 팬에 구워 매실을 얹었고, 또 하나는 연어 데리야키를 만들어 넣고 김으로 감쌌다. 후리가케를 넣어 시소로 감싼 오니기리까지 모두 세 종류를 만들었다. 퍼스트 클래스에도 없는 꽃 장식도 서비스로 세팅했다. 동글동글한 라넌큘러스 센터피스와 함께 디너를 서빙한 후 디저트는 열대 과일과 치즈케이크를 내왔다. 언제 비상착륙할지 몰라 조금은 고칼로리로 제공되는 기내식의 원칙에 맞춘 것이다.

그렇게 한 코스 한 코스 기내식 서빙을 마쳤다. 영화도 한 편 보고 잡지도 보고 평소와 비슷한 밤이었지만, 나는 조금 특별한 기분으로 늦게까지 음악을 들으며 여행 책을 읽었다. TV를 보다가 잠든 남편에게 담요를 덮어주고 나서

다이어리를 펼쳐보았다. 휴가 날짜까지는 아직도 한참이나 멀었다. 오늘 밤 자고 나면 햇빛이 반짝반짝하는 따뜻한 나라에 도착해 있으면 좋겠다. 잊은 물건 없이 잘 내려야지.

오니기리

밥 2공기, 연어 100g, 매실 2개, 후리가케 1T,
김 1/3장, 시소 2장

1__ 밥을 고슬고슬하게 짓는다.
2__ 연어는 간장, 소금, 후추, 청주에 잠시 재웠다가 팬에 굽는다.
3__ 매실 하나는 씨를 뺀 후 다지고, 하나는 그대로 둔다.
4__ 후리가케는 밥에 넣어 비빈다.
5__ 김은 오니기리 크기에 맞게 잘라두고, 시소는 씻어 물기를 말려둔다.
6__ 연어 오니기리는 공기에 밥을 2/3 정도 담고 가운데에 연어 구운 것을 올린다.
　　　손에 물을 묻힌 후 소금을 조금 묻혀 공기에 든 밥을 꺼내 두세 번 꽉 쥐어준다.
　　　조금 더 매만지며 삼각형 모양을 만든다. 김을 붙이고 남겨놓은 구운 연어를
　　　삼각형 오니기리 위에 올린다.
7__ 매실 오니기리는 다진 매실을 밥 안에 넣고 삼각형을 만든 다음 마른 팬에
　　　약불로 오래 앞뒤로 굽고 동그란 매실을 위에 올려 완성한다.
8__ 후리가케 시소 오니기리는 4를 삼각형으로 만든 후 시소를 붙여 완성한다.

미소시루

미소된장 1/2T, 실파 1t, 미역 조금, 다시마 1장,
가츠오부시 한 줌, 물 400g

1__ 찬물에 다시마를 넣고 끓기 시작하면 다시마를 꺼낸다.
2__ 가츠오부시를 넣은 다음 불을 끈다.
3__ 가츠오부시를 걸러낸 후 다시물을 완성한다.
4__ 다시물에 미소된장을 넣고 끓인 후 송송 썬 실파,
　　불린 미역 자른 것을 넣는다.

❀ 라넌큘러스 정사각 화병꽂이

라넌큘러스, 명자란

1__ 정사각 화기에 플로랄 폼을 화기 높이보다
1cm 정도 높게 세팅한다.
2__ 라넌큘러스를 동그랗고 풍성하게 꽂는다.
3__ 화기 아래쪽은 명자란을 꽂아 플로랄 폼을
가려준다.

우리 집 한정식을 소개합니다
탕평채와 갈비구이

어렸을 때 집에 외국 손님이 한 분 오신 적이 있었다. 그때만 해도 해외여행이 자유롭지 않을 때라 외국도 낯설고, 외국인도 흔히 볼 수 없었다. 그래서인지 그날 엄마는 무척 당황하셨다. 오시면 뭘 대접해야 하나 고민을 거듭하다가 결국 햄버거를 사다 드렸던 기억이 난다. 지금 생각하면 웃음이 절로 나는 일이다. 엄마의 마음도 이해가 되고, 황당했을 외국 손님의 표정도 상상이 되기 때문에.

얼마 전 우리 집에도 외국 손님이 왔다. 런던에 있을 때 그분 집에 초대를 받아 대접을 잘 받았기 때문에 이번에는 내가 답례를 하고 싶었다.

이제는 외국인을 만나는 일이 자연스러워지기는 했지만, 집에 초대하는 것은 처음이라 조금 긴장되었다. 우선 가장 한국적인 음식인 한정식으로 메뉴를 짰다. 그릇은 아름다운 방짜 유기와 철유로 정하고, 검은색 매트에 하얀 호접난 꽃꽂이로 단아한 한국의 미를 표현했다. 편안한 재즈 연주 같은 가야금 산조 CD도 골라놓았다.

탕평채와 갈비구이 그리고 밥과 미역국을 준비했다. 반찬은 무나물, 건파래무침, 장조림, 백김치였다. 다른 음식은 미리 준비해두고, 갈비구이만 손님이 식탁에 앉기 직전에 석쇠에 직화구이 했다. 석쇠에 쿠킹호일을 깔고 타지 않도록 조심조심 정성을 들여 구우면 팬에 굽는 것보다 훨씬 맛있다. 유기는 반짝반짝 빛나는 금색 그릇이라 시각적으로도 고급스럽고 음식을 따뜻하게 보온시켜주어 좋다. 철유는 메인요리를 돋보이게 해주면서 유기와도 잘 어울린다.

식사를 마친 손님이 "한국 사람들은 다들 집에 김치냉장고가 있다면서요?" 하고 물었다. 내가 뒤 베란다로 가서 김치냉장고를 열어 보여주었더니 신기해

한다. 외국에서는 이렇게 많은 양의 김치를 집에 쟁여놓은 걸 본 적이 없을 테니, 마치 김치공장이라도 본 듯한 기분이 들었나보다.

초대에 대한 감사의 마음으로 선물을 주셨는데, 내가 간절히 갖고 싶어했던 유기 사각접시였다. 내가 보유한 유기 그릇 중엔 사각접시가 없어서 보자마자 무척 반가웠다. 이제 냉면기만 있으면 방짜 유기 세트는 완성이다.

다음에 또 우리 집에 외국 손님이 올 때는 이 사각접시에 따뜻한 전을 담고, 냉면기에 비빔밥을 만들어드려야겠다.

탕평채

청포묵 100g, 달걀 1개, 소고기 50g, 미나리 5뿌리,
구운 김, 간장, 설탕, 후추, 참기름, 검은깨,
초간장(간장 1T, 식초 1/2T, 설탕 1/2T)

1__ 청포묵을 채 썰어 데친 후 소금, 참기름으로
무쳐둔다.

2__ 소고기는 결대로 채 썰어 간장, 설탕,
후추를 넣고 무친 후, 팬에 볶아둔다.

3__ 달걀은 황백지단으로 나눠 부쳐 채 썬다.

4__ 미나리는 줄기만 소금을 넣은 물에 데쳐 물기를
걷고 먹기 좋게 자른 후 소금, 참기름을 넣고 무친다.

5__ 구운 김을 잘게 가위로 자른다.

6__ 청포묵, 소고기, 미나리, 김을 각각 접시에
올리고 달걀지단, 검은깨를 청포묵 위에 올린다.

7__ 초간장을 먹기 직전에 뿌려 섞는다.

건파래 무침

건파래, 마른새우, 실파, 청·홍고추,
양념장(간장 1T, 맛술 1T, 물 1T, 설탕 1/2T, 파와
마늘 다진 각 1t씩, 참기름, 통깨 약간)

1__ 건파래와 건새우를 마른 팬에 볶아
비린내를 없앤다.

2__ 실파와 청·홍고추는 짧게 채 썬다.

3__ 양념장에 건파래, 건새우, 실파,
청·홍고추를 넣고 촉촉해질 때까지 무친다.

갈비구이

갈빗살 200g, 간장 2T, 설탕 1/2T, 배 1쪽, 파, 마늘,
청주, 참기름, 후추, 잣, 실파 약간씩

1__ 갈빗살은 키친타월에 싸두어 핏물을 제거한다.
2__ 간장, 설탕, 배즙, 다진 파, 마늘, 청주, 후추,
　　참기름을 넣어 양념장을 만든다.
3__ 고기를 양념장에 묻힌 후 30분쯤 재운다.
4__ 석쇠에 쿠킹호일을 깐 다음 뜨겁게 달구어 갈비를
　　올리고 타지 않도록 주의하며 고루 익힌다.
5__ 접시에 담고 잣가루와 송송 썬 실파로 장식한다.

무나물

무, 파, 마늘, 소금, 식용유

1__ 무를 채 썰어 소금에 절인다.
2__ 물기를 걷고 식용유를 두른 팬에 볶는다.
3__ 다진 파, 마늘을 넣고 소금으로 간한다.

❀ 호접란 꽂이

호접란, 명자란

1__ 검은색 화기에 물 먹인 플로랄 폼을 넣는다.
　　화기 높이와 같게 세팅한다.
2__ 호접란 한 대를 라인을 살려 꽂는다.
3__ 명자란을 자연스럽게 아래쪽에 꽂아준다.

아랫집 윗집 사이에
새우 라비올리

슬슬 출출해지는데 윗집 정우엄마의 문자. "언니, 낙지 넣어 전 부쳤어요. 정우가 지금 가지고 내려가요. 자기가 가져다드리고 싶대요." 다섯 살 정우가 우리 집에 와서 말한다. "엄마가 뜨거울 때 드시래요." 임무 완료.

의기양양 웃고 올라가는 정우를 보며 말했다. "정말 고마워, 잘 먹겠다고 전해드려." 아랫집 윗집 사이인 우리는 가끔 식사를 같이 한다.

내가 올라가서 점심을 먹기도 하고, 우리 집에서 저녁을 함께 먹기도 한다. 오늘처럼 완성 접시가 배달되어 내려오기도 하고, 마침 나도 빵을 구웠다면 답례로 올려 보내기도 한다.

정우네의 친정과 시댁 부모님들이 현지에서 보내주시는 식재료들은 우리가 사 먹는 것들과 차원이 다르다. 채소도 해산물도 된장, 고추장, 김치도 정말 맛있다. 정우네는 늘 먹는 가정식을 주로 만드는데 재료의 맛을 충분히 살리는 심플한 조리법에 손맛도 좋아 배울 점이 많다. 반면에 나는 이런저런 이국적인 요리를 시도해보는 걸 좋아한다. 곤드레밥, 스파게티, 타이누들, 칼국수, 스테이크, 브라우니 등등 우리가 함께 나눈 음식이 꽤 많다.

어느 날 잠깐 차를 마시러 정우네에 가면서 냉동실의 바닐라 아이스크림을 꺼냈다. 동그랗게 두 스쿱을 담고 뜨거운 에스프레소를 뽑아 재빨리 위층으로 올라갔다. 차가운 아이스크림에 뜨거운 에스프레소를 부어 아포가토를 만들어주니 처음 먹어본다며 좋아했다. 가끔 있는 소소한 이벤트지만 그 따뜻한 여운이 오랫동안 기억에 남았다.

"오늘 점심 같이 먹을까? 냉동실에 라비올리 만들어둔 거 있거든. 소스만 만들면 되니까 30분 후에 내려와." 마침 집에 꽃도 있어서 간단하게 테이블 세팅을 했다. 흰색 리시안셔스와 천리향으로 센터피스를 완성하고, 라비올리

소스를 만들었다. 생크림이 베이스가 되지만 식초, 양파, 화이트와인과 함께 끓여 만들기 때문에 느끼함이 없는 프렌치 요리다.

만두피에 새우와 바질만 넣어 만든 라비올리에 크림 소스를 부으면 되니 그다지 어려운 요리는 아니다. 그래도 정우네는 나 때문에 처음 먹어보는 요리가 많다며 고마워한다. 고마운 건 오히려 나인데.

정우네가 올 때 선물로 가져온, 친정에서 땄다는 감 한 바구니. 정말 맛있었다. 어디서 이렇게 맛있는 감을 먹어보겠나.

새우 라비올리

만두피 8장, 새우 4마리, 당근, 호박, 실파,
생크림 소스(양파 1/2개, 식초 50g, 화이트와인 100g,
생크림 100g, 버터 10g),
바질 소스(바질 한 줌, 마늘 1쪽, 식용유 2T, 소금, 후추)

1__ 만두피에 달걀노른자를 묻히고 새우살, 바질을
    올린 후 다른 만두피로 덮고 틀로 찍어 완성한
    후 냉동실에 넣는다.
2__ 다진 양파에 식초, 화이트와인을 넣어 반으로
    졸여지면, 생크림을 넣고 조금 더 졸인다.
    얼린 버터, 소금, 후추로 간해 생크림 소스를
    완성한다.
3__ 작게 썬 당근, 호박을 데쳐 2의 소스에 넣는다.
4__ 바질, 마늘, 식용유를 믹서에 갈아 바질 소스를
    만든다.
5__ 새우 라비올리를 삶아낸 후 접시에 담고,
    생크림 소스를 붓는다.
6__ 바질 소스와 송송 썬 실파로 장식한다.

아포가토

바닐라 아이스크림, 에스프레소

1__ 바닐라 아이스크림을 동그랗게 두 스쿱 푼다.
2__ 뜨거운 에스프레소를 아이스크림에 붓는다.

돔스타일 플로랄 폼 꽂이

리시안셔스, 천리향

1__ 동그란 유리 화기에 플로랄 폼을 화기
　　높이보다 2cm 높게 세팅한다.
2__ 리시안셔스를 규칙적으로 간격을 주어
　　전체적으로 동그랗게 꽂는다.
3__ 사이사이에 천리향을 꽂는다.

Black & White

당신에게는 최고의 요리사
도미 스테이크

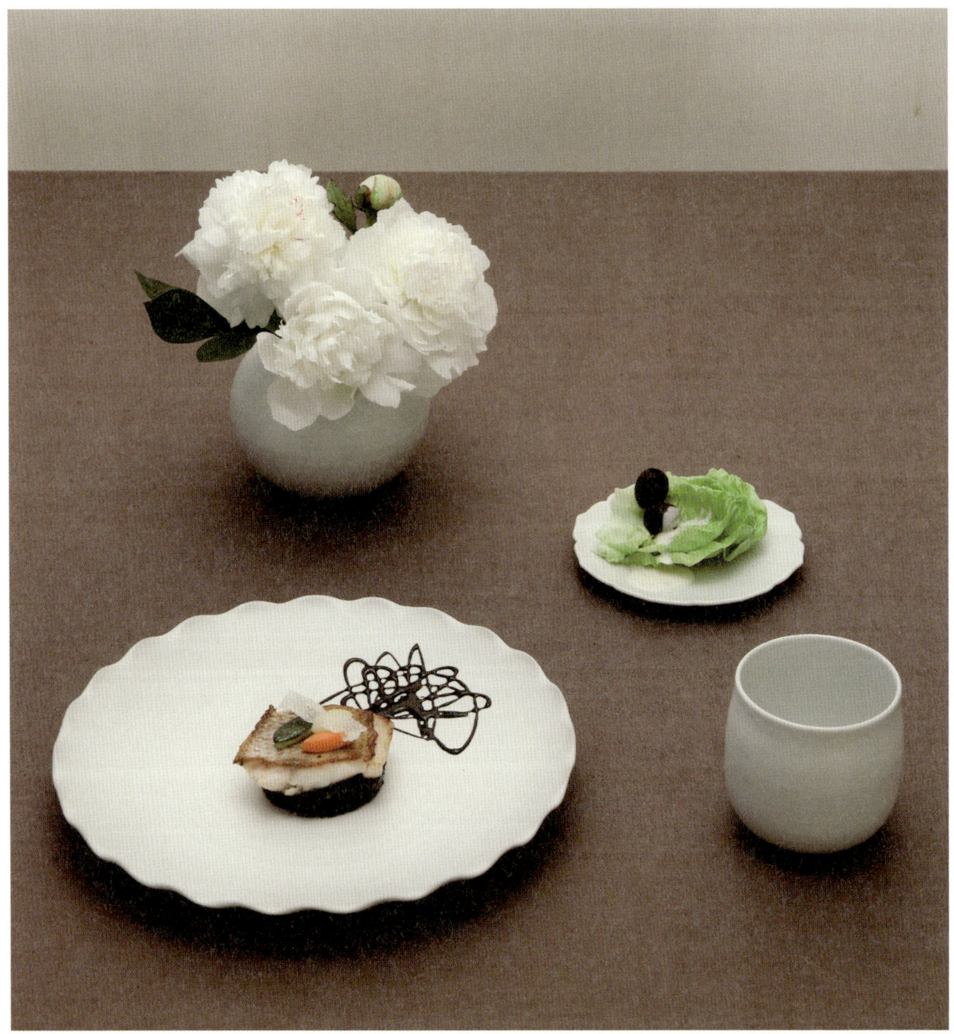

당신에게는 최고의 요리사
도미 스테이크

내가 처음 받았던 요리수업은 '이탈리아 프랑스' 요리 고급 과정이었다. 8주 동안 이탈리아, 프랑스의 요리들을 호텔 셰프에게 배웠는데, 처음부터 너무 어려운 요리들이라 배울 때 무척 긴장했었다. 요리 재료들도 낯설고 용어들도 어려웠다. 그 이후에도 꾸준히 요리수업을 받았는데 처음에 워낙 어려운 코스를 배워서 그런지 그다음부터는 조금 수월했다.

여러 스타일의 요리를 배우고 가끔 독학도 하고 그렇게 요리와 친해졌는데, 어느 날 제대로 체계를 잡아서 요리 실력을 키워가야겠다는 생각이 들었다. 그래서 선택한 것이 조리사 자격증 시험에 도전하는 것이었다. 처음에는 한식 자격증에만 도전하려고 했는데, 점점 빠져들게 되어 한식, 양식, 중식, 일식 자격증을 따고, 이어 제과, 제빵, 그리고 가장 어렵다는 복어 조리사 시험까지 합격했다. 요리 자격증 그랜드슬램을 이루자 친구들이 물었다. "왜 그렇게 열심히 해?" 나는 "그냥 좋으니까"라고 대답했다. 다른 요리는 몰라도 특히 어려운 생선 요리를 할 때는 자부심에 미소가 지어진다. 덕분에 우리 집은 내 꽃과 요리로 언제든지 호텔 레스토랑으로 변신할 수 있게 되었다.

이렇게 되기까지 열심히 노력하느라 내 손은 못생겨졌지만, 상관없다. 언제든 누군가에게 기쁨을 줄 수 있는 손이기에…

오늘 게스트는 얼마 전 결혼한 신혼부부다. 내가 차려내는 테이블을 배우고 싶다고 했던 후배라서 초대한 뒤에 약간 긴장이 되었다. 남편과 함께 온다니, 뭔가 본보기가 되어야 할 것만 같았다. 고민을 하다가 내가 제일 좋아하는 상차림을 하기로 했다. 나는 양식을 한식 그릇에 담는 걸 좋아한다. 라인이 단아한 우리 그릇에 화려한 프랑스 요리를 담아내는 셰프들도 멋지다고 생각한다. 외국의 명품 그릇들은 한식을 담으면 뭔가 어색한 느낌이 나는데, 우리 한국의 그릇들은 한식은 물론 어느 나라 요리를 담아도 그 음식을 돋보이게 해준다. 고급스러운 요리나 소박한 가정식, 혹은 디저트까지 모두 다 훌륭하게 표현해준다.

오늘은 최대한 한국적인 스타일을 만들었다. 차분한 초콜릿색의 리넨을 테이블에 깔고, 동그란 백자에 하얀 작약을 꽂았다. 1주지, 2주지, 3주지 한국 꽃꽂이의 기본형을 약간 변형해 꽂으며 여백의 미를 살렸다. 시저샐러드를 심플하게 담고, 동글동글한 끝 라인이 예쁜 꽃 모양의 백자 접시에 프랑스식 도미 요리를 담았다. 발사믹 소스를 접시 위에 그림 그리듯 뿌려주니 식탁 위에 한 편의 동양화를 그린 듯했다. 물론 초대한 신혼부부도 탄성을 지르며 대만족했다. "역시, 언니는 내 로망이야."

도미 스테이크

도미살 100g, 검은쌀 1컵, 호박, 감자, 마늘,
파슬리, 춘권피 약간씩, 버터 1t, 생크림 1T,
발사믹 식초 5T, 레드와인 1컵

1__ 검은쌀은 질지 않게 밥을 한 다음
   버터, 생크림, 다진 마늘, 다진 파슬리,
   소금, 후추를 넣고 섞는다. 뜸들이듯
   조금 더 익히고 동그란 틀로 모양을
   정리한다.
2__ 호박, 당근, 감자는 모양을 내 썬 후
   소금을 넣은 물에 데치고,
   기름에 살짝 볶는다.
3__ 마른 춘권피를 길쭉하게 잘라서
   기름에 튀긴다.
4__ 레드와인에 마늘 3쪽을 넣어
   졸이다가 발사믹 식초를 넣고
   걸쭉해지도록 졸인다.
5__ 도미살은 소금, 후추로 간하여 오일을
   두른 팬에 앞뒤로 굽는다.
6__ 접시에 검은쌀을 담고 그 위에
   도미 스테이크, 맨 위에는 채소와
   춘권피 튀김을 가니시로 올린다.
7__ 4의 소스를 짤주머니에 넣고 접시
   위에 그림 그리듯 짜 넣는다.

시저샐러드

로메인 상추, 블랙올리브,
소스(달걀노른자 1개, 올리브오일 2T,
레몬즙 1/2T, 씨겨자 1/2T, 꿀 1t,
엔초비 1/2마리, 파르마산 치즈 1/2T)

1__ 로메인 상추를 나란히 접시에 세 장 올린다.
2__ 블랙올리브를 올리고 소스를 뿌린다.

시저샐러드 소스

1__ 달걀노른자에 레몬즙, 씨겨자, 엔초비,
　　꿀을 넣고 거품기로 섞는다.
2__ 올리브오일을 조금씩 넣어가며 거품기를
　　이용해 한 방향으로 계속 젓는다.
3__ 파르마산 치즈를 넣고 섞어준다.

작약

1__ 동그란 백자에 플로랄 폼을 넣는다.

2__ 작약 한 송이를 조금 길게 꽂는다.

3__ 앞쪽에 낮게 하나를 더 꽂는다.

4__ 처음 꽂은 꽃과 두 번째 꽂은 꽃의 중간
정도 길이로 옆쪽에 하나를 더 꽂는다.

5__ 세 변의 길이가 모두 다른 부등변 삼각형
모양으로 꽂고 얼굴이 앞쪽을 향하도록
방향을 잘 맞추어 꽂는다.

Black & White

나만의 송년회

시폰 케이크

해마다 한 해가 저무는 12월이면 각각 성격이 다른 송년회를 몇 차례 치른다. 대학 때 친구들을 집으로 초대해 포트럭 파티를 하기도 하고, 이웃들과 늦은 밤 차를 마시며 가는 해를 아쉬워하기도 한다. 또 꽃을 좋아하는 친구들과는 꽃과 요리를 예쁘게 세팅해놓고 온갖 아름다운 이야기들로 가는 해를 기념한다. 방송 일을 할 때 만난 스태프들과도 12월이면 오랜만에 만나 송년모임을 갖는다. 그리고 진짜 송년의 날인 12월 31일은 온 가족이 모여 송구영신 예배를 드리고 다과를 나눈다.

12월은 그렇게 즐겁게 아쉬워할 정도로 바쁘고 빠르게 지나간다. 오래전부터 12월 마지막 주가 시작되면 아무 약속도 없는 날 혼자 조용히 집에서 나만의 송년회를 하고 있다. 지난 일 년 동안의 다이어리를 다시 읽어보고, 올해 한 일들을 정리한다. 내년에 하고 싶은 일도 새 다이어리에 적어본다. 반성하고 추억하고 다음을 계획해보는, 혼자만의 조용한 이 시간이 나는 참 좋다.

나 혼자만의 송년회를 하는 날, 시폰 케이크를 만들었다. 하얀 스위트피 부케도 함께 테이블에 세팅했다. 시폰 케이크는 버터를 넣지 않고 식용유와 물을 넣는 케이크이기 때문에 유난히 촉촉하고 담백해 자주 만드는 케이크다. 폭신폭신한 시폰 케이크에 생크림처럼 하얀 스위트피 꽃이 올 한 해를 정리하는 나만의 시간을 달콤하고 아름답게 해주었다.

올해는 무슨 일이 있었던가? 생각하며 사진들을 뒤적거리다보니 남편과 함께 다녀온 홋카이도의 비에이 여행 사진이 눈에 띈다. 지난겨울 우리는 한 달에 27일은 눈이 온다는, 시작도 끝도 하얗던 언덕 마을 비에이에 다녀왔다.

매일 새로운 눈이 내리기 때문에 비에이는 늘 하얗다. 뽀드득 뽀드득 내 발자국 소리밖에 들리지 않던 고요하고 평화로운 곳… 나는 일부러 길이 아닌 곳으로 걸어가 눈에 푹푹 빠지는 걸 즐겼고, 그러다 넘어지면 그냥 눈 위에 누운 채로 하얀 눈 때문에 더 파란 하늘을 한참 동안 바라보기도 했다. 그런 내 모습을 남편이 찰칵찰칵 사진에 담아주었는데, 사진기가 하나 더 있었다면 사진 찍던 그 모습을 다시 찍고 싶었다.

한 해를 마무리하며 올해의 베스트 신을 바라보는 지금 이 순간이 너무나 감사하고 행복하다.

시폰 케이크

박력분 100g, 설탕 110g, 달걀노른자 50g,
달걀흰자 100g, 식용유 40g, 물 30g, 소금 1g,
생크림 300g(휘핑용 설탕 30g)

1__ 달걀노른자에 식용유 50g, 소금을 넣고 잘
　　 풀어준 후, 물을 조금씩 넣으면서 섞는다.
2__ 체에 내린 박력분을 1에 넣어 매끄럽게 섞는다.
3__ 흰자를 거품기로 젓다가 어느 정도 거품이
　　 오르면 설탕 60g을 2, 3회에 나누어 넣으면서
　　 계속 저어 하얀색 머랭 거품을 만든다.
4__ 머랭을 2의 반죽에 2, 3회 나누어 넣어가며
　　 재빨리, 그러나 거품이 꺼지지 않게
　　 조심조심 섞는다.
5__ 시폰 틀에 물을 뿌리고 살짝 털어준 후
　　 반죽을 틀 높이의 60% 정도만 채우고 바닥의
　　 팬을 살짝 쳐서 기포를 뺀다.
6__ 160도의 오븐에서 30~40분 정도 구운 후
　　 꺼내어 틀을 거꾸로 해서 컵 위에 올려
　　 식힌다. 완전히 식은 후 조심스럽게 케이크를
　　 틀에서 빼낸다.
7__ 생크림을 거품기로 휘핑하다가 어느 정도
　　 거품이 오르면 설탕을 넣고 단단해질 때까지
　　 조금 더 휘핑한 후, 스패츌러를 이용해
　　 시폰 케이크에 고르게 발라준다.

✿ 스위트피 부케

스위트피

1＿ 아래쪽의 잎은 정리해 모든 꽃을 비슷한 길이로
   자른다.
2＿ 왼손에 꽃을 한 송이 쥔 다음, 또 한 송이를
   처음 꽃의 위에 올리되 약간 줄기 끝을
   오른쪽으로 틀어서 올린다.
3＿ 세 번째 꽃도 같은 방법으로 맨 위쪽에 올리되
   줄기 끝을 오른쪽으로 한다.
4＿ 계속 반복해 나머지 꽃들도 나선형으로
   올려가며 모아 쥔다.
5＿ 손으로 쥐었던 부분을 플로랄 테이프로 붙이듯
   묶은 후, 아래쪽 줄기를 같은 길이로 자른다.
6＿ 리본을 묶어 완성한다.

수국 꽂이 ● 화기 안에 플로랄 폼을 넣고 두 송이의 수국을 가지별로 잘라서 다시 한 송이로 만들듯 동 그랗게 꽂아주었다. 마디 초 몇 개를 와이어로 감아 서 수국 양쪽에 꽂고, 스틸글라스에 진주를 꽂아 화 려함을 더했다.

체어백 ● 결혼식을 앞둔 예비신부와 신부의 여자친구들이 즐기는 브라이덜 샤워파티. 신부처럼 예쁜 꽃과 달콤한 컵케이크만 있으면 모든 준비 완료. 테이핑과 방수 처리가 되어 있는 반원 모양의 플로랄 폼을 의자에 붙이고 여러 종류의 꽃들을 꽂아도 되고, 부케를 만들듯이 여러 꽃을 모아 쥔 후 의자에 묶는 방법도 있다. 부케처럼 만들어 매다는 것이 더 쉽고, 플로랄 폼을 이용하면 좀 더 디테일한 표현을 할 수 있어 로맨틱하다. 사진은 플로랄 폼을 이용한 체어백.

안개꽃 기둥 ● 플로랄 폼을 기둥 모양으로 깎아 세팅하고 안개꽃을 하나하나 꽂아 시폰 리본 장식으로 완성했다. 세 시간이 넘게 걸렸던 작품. 로맨틱한 프러포즈 세팅에 써도 되고, 커다랗게 만들면 그랜드볼룸의 웨딩 메인 장식으로도 훌륭하다. 늘 빨간 장미의 조연 역할만 하던 안개꽃이 이렇게 예쁠 줄 몰랐다.

캐노피 디자인 ● 나무 8개로 기둥을 세우고 달리아와 벤델라 장미를 이용해 아름답게 캐노피를 장식했다. 내 지인이 작고 아름다운 가든 결혼식 또는 바닷가에서 결혼식을 한다면 만들어주고 싶은 캐노피 웨딩 장식이다. 런던 제인패커에서 여섯 명이 공동작업한 것인데, 수업에서만 만들고 실제 결혼식에서는 이런 캐노피 디자인을 해보지 못했다. 삼사십 명쯤 친한 지인들이 함께하는 바닷가 결혼식이 있다면, 꼭 한 번 장식해보고 싶다.

크림색 장미 병꽂이 ● 손님이 오실 때는 식탁에서 밥을 먹지만 평상시 우리 부부는 주로 텔레비전 앞 거실 테이블에서 밥을 먹는다. 꽃이 있는 날은 빈 식탁에 꽃만 덩그러니 있는 것이 아쉬워 이런저런 소품을 함께 꺼내놓는다. 크림색 장미를 동그랗게 병꽂이하고 은촛대와 쿠키서버, 앤틱 벽시계를 꺼내놓았다.

채소 꽂이 ● 파, 양송이 버섯, 키위 등 채소와 과일을 와이어링해 꽂고, 수국과 장미를 채워 재미있는 센터피스를 완성했다. 꽃꽂이에 꼭 꽃만 사용하라는 법은 없다. 과일, 채소, 사탕 등 다양한 재료를 함께 사용해 완성할 수 있다. 꽃이 집에 없을 때는 가끔 바구니에 과일과 채소를 예쁘게 담아 센터피스로 이용하기도 한다.

촬영에 도움을 준 아름다운 그릇과 소품들

광주요
우리의 전통 도자기를 현대화한 생활 도자기 브랜드.
● 서울시 강남구 청담동 62-25 금영빌딩 1층(청담점) tel 02-3446-4800 www.ekwangjuyo.com

더플레이스
전문적인 스타일리스트들이 셀렉션한 해외 유명 브랜드의
홈인테리어 데코레이션 상품들을 전시, 판매하는 곳.
● 서울 강남구 논현동 125-3(플래그십 스토어) tel 02-3444-9595

르쿠르제
원색의 컬러풀한 색상과 심플한 디자인이 돋보이는 고급 프랑스 주방용품 브랜드.
● 서울시 강남구 청담동 63-12 사과반쪽빌딩 1층 tel 02-3444-4841

마켓M
자연친화적인 컨셉트의 간결하고 기능적인 원목 가구와 인테리어 소품을 판매하는 곳.
● 서울시 종로구 통인동 118-10 tel 02-733-4769 www.market-m.co.kr

빌레로이앤보흐
품격 있는 유럽의 전통과 현대적 실용성을 겸비한 독일 도자기 브랜드.
● 서울시 강남구 청담동 91-10 모다빌딩 1층 유로클래식 tel 02-547-0360

우리그릇 려
한국적인 현대아트 도자기를 보급하는 데 앞장서온 전통 도자기 브랜드.
● 서울시 강남구 신사동 548-2 tel 02-549-7573 www.urigurutryu.com

이도갤러리
도예가 이윤신 씨가 가회동에 설립한 복합문화관. 한국의 다양한 도예가 작품을 감상, 구입할 수 있다.
● 서울시 종로구 가회동 10-6 tel 02-722-0756 www.yido.kr

카렐(Karel)
일본 브랜드 30여 개가 모여 있는 아기자기한 소품 매장.
● 서울 강남구 신사동 533-15 2층 tel 02-3446-5093